1781

Grace Pond
Angela Sayer

Die intelligente Katze

Alles über Charakter, Sprache, Schlaf- und Putzgewohnheiten, Revierbegrenzungen, Reflexe und sexuelles Verhalten der Katzen.

Mit einem Vorwort
von Ingrid Zwerenz

Hoffmann und Campe

Aus dem Englischen von Eva Gärtner

CIP-Kurztitelaufnahme der Deutschen Bibliothek

Pond, Grace:
Die intelligente Katze: alles über Charakter,
Sprache, Schlaf- u. Putzgewohnheiten, Revierbegrenzungen,
Reflexe u. sexuelles Verhalten d. Katzen /
Grace Pond; Angela Sayer. Mit e. Vorwort von Ingrid Zwerenz.
[Übers. aus d. Engl. von Eva Gärtner]. – 1. Aufl. – Hamburg:
Hoffmann und Campe, 1981.
Einheitssacht.: The intelligent cat ⟨dt.⟩
ISBN 3-455-08870-8

NE: Sayer, Angela:

Die Originalausgabe erschien 1977 unter dem Titel »The Intelligent Cat«
bei Davis-Poynter Limited, London

Gesetzt aus der Garamond Antiqua
Satzherstellung Süddeutsche Verlagsanstalt, Ludwigsburg
Druck und Bindearbeiten May & Co., Darmstadt
Printed in Germany

Inhalt

Vorwort

Schon der Titel dieses Buches schafft klare Verhältnisse. Alle Freunde werden darin eine schöne Selbstbestätigung, die Feinde eine üble Provokation sehen. *Die intelligente Katze* steht da, als unverbrüchliche Aussage, nicht etwa konziliant in der Schwebe gelassen mit der Frage »Sind Katzen intelligent?« Die Entschiedenheit der beiden Autorinnen Grace Pond und Angela Sayer nimmt den Katzen-Fan von vornherein für sie ein, und nun will er wissen, wie dieser programmatische Titel erfüllt wird.

Zur Eröffnung gibt es einen historischen Abriß. Wenn etwas im Urschlamm anhebt, wird mir immer ein bißchen bänglich zumute, und ich fühle mich an Kurt Tucholskys berühmten Referenten erinnert, der einen Vortrag in der Sorbonne »... zur allgemeinen Freude so begann: ›Lassen Sie mich Ihnen in aller Kürze die Entwicklungsgeschichte meiner chinesischen Heimat seit dem

Jahre 2000 vor Christi Geburt ...‹ Er blickte ganz erstaunt auf, weil die Leute so lachten.«

Allerdings ironisiert Tucholsky damit den umständlichen Anfang einer *Rede*; eine *Schreibe*, nämlich ein Buch, darf weiter ausholen, und deshalb folgen wir Grace Pond und Angela Sayer unverdrossen zurück ins Eozän, also: Bevor wir zur heutigen Hauskatze kommen, lassen Sie uns in aller Kürze ihre Entwicklungsgeschichte seit etwa 40 Millionen Jahren darlegen ...

Der Exkurs umfaßt eine lange Zeitspanne, ist aber nicht langweilig, eingeführt werden wir in die »Familie der Feliden«, die den gewaltigen Löwen ebenso umgreift wie das winzigste Katerchen. Eine interessante Sippschaft, gemeinsam ist Wüstenkönig und Hauskatze zum Beispiel, daß sie mit ihren Reiß-Zähnen Fleisch abfetzen und zur Not in großen Brocken runterschlucken können. Die Frage ist nur, ob unsere Mini-Raubtiere die Riesenhappen dann auch drinbehalten, einen sich übergebenden Löwen hab ich noch nie gesehen, wohl aber stößt dieses Mißgeschick seinen kleinen Verwandten öfter zu, und schon haben sie bei uns daheim ihren Spitznamen weg, die lieben *Kotzen!*

Wenden wir uns nach Zähnen und Schlund den Augen zu, das ist viel poetischer. Die beiden Verfasserinnen berichten, daß die Chinesen an den durch wechselnde Lichtstärke unterschiedlich erweiterten oder verengten Pupillen ihrer Katzen die Tageszeit ablesen konnten, welches faszinierende Faktum, möchte ich ergänzen, den Dichter Charles Baudelaire zu einem »Gedicht in Prosa« inspirierte, genannt »Die Uhr«. Seine Worte sind eine Liebeserklärung für Katze und Frau zugleich, weil Baudelaire aus ihrer beider Augen die Tagesstunde zu erfahren vermag, das angebetete Mädchen trägt überdies den »Katzennamen Feline, der so gut zu ihr paßt«.

In Geschichte und Gegenwart sind Katzen und Schriftsteller immer glänzend miteinander ausgekommen. Pond und Sayer erwähnen eine Reihe Autoren, die das bezeugen, erstaunlicherweise keine Autorinnen, dabei zeigen sich zwei so verschiedenartige Persönlichkeiten wie Rosa Luxemburg und Colette in Briefen und Büchern als sensible, liebevolle Katzen-Freundinnen und -Kennerinnen. Gern genannt gesehen hätte ich auch Elisabeth Castonier, die, seit langem in England lebend, sich belletristisch und missionarisch den Katzen widmet, sie ist eine bekannte Tier-Schilderin und Tier-Schützerin, das verbindet sie mit den Verfasserinnen des hier vorliegenden Buches, von denen die eine als Biologin und die andere seit Jahrzehnten aktiv in Organisationen zum Wohle der Katzen arbeitet.

Das ist eine gute Voraussetzung für fruchtbares

teamwork, die Theoretikerin und die Praktikerin ergänzen einander, vermitteln wissenschaftliche Forschungsergebnisse und nützliche Tips. Wenn ich die hier publizierten 205 Seiten auf eine Formel zu bringen hätte, würde ich sagen: Katze abstrakt und Katze konkret. In einigen wenigen Passagen überwiegen Verallgemeinerungen, die drei Kapitel »Die Katze als Organismus« – »Das zentrale Nervensystem« – »Sinne und Reflexe« scheinen mir mehr prätentiös als plastisch, denn daß die Katze ein Organismus ist, in dem Skelett, Muskeln, Blutkreislauf, Nerven, Bewegungsabläufe aufs schönste koordiniert sind, hab ich mir auch vor der Lektüre beinahe schon gedacht, das haben höher organisierte Wesen so an sich. Vielleicht aber ist es mein Fehler, wenn mir die Evidenz dieser ausführlichen Erläuterungen nicht recht einleuchtet, und andere Leser delektieren sich außerordentlich an der perfekten Schema-Zeichnung der »Assoziationsfelder des Gehirns«.

Sonst aber ist dies ein lesbares und verwendbares Buch, kenntnis- und faktenreich, wichtig und witzig. Köstlich finde ich, was unter der Überschrift »Der Intelligenzquotient unserer Katzen« behandelt wird. Grace Pond und Angela Sayer konstruieren da in heißem Bemühen Prüfungsfragen, ja gar so eine Art TÜV-Test für Katzen, die ein Maß für deren geistige Kapazität hergeben sollen. Gefordert sind u. a. die Fähigkeiten der Katzen, Türen zu öffnen, auf ihre Namen zu hören, sich hygienisch einwandfrei zu verhalten, d. h. das Katzen-Klo zu benutzen, an Essen und Trinken heranzukommen, auch wenn die Näpfe an anderen als den gewohnten Plätzen deponiert wurden; die Gefahren des Autoverkehrs abzuschätzen. Aufs Resultat hin erhalten die Tiere eine Wertung, die Norm liegt bei 100, und einzustufen wären unsere geliebten Hausgenossen dann je nach Leistung darüber oder darunter. Diesen komplizierten Versuchsanordnungen widerspricht jedoch, erkennen Pond und Sayer genau, der komplizierte Charakter der Forschungs-Objekte, die eben das nicht sind, sondern höchst eigenwillige Persönlichkeiten.

Ich kann solche irreparablen Abweichungen nur bestätigen. Meine natürlich ausnehmend kluge, schildpattfarbene Halbperserin Minouche schneidet bei der Tür als Volltrottel ab, sie kommt nicht mal durch, wenn die nur angelehnt ist, sondern bleibt stur sitzen, bis entweder ihre menschlichen Angehörigen oder ihre leibliche Tochter Isabella ihr freie Bahn schaffen. Andererseits spürt Minouche das Essen selbst an schwer zugänglichen Plätzen auf, und auch Durst signalisiert sie eindringlich, indem sie sich heulend ins Waschbecken oder in die Badewanne setzt, weil sie fließendes Wasser zum Trinken bevorzugt. Sehr genossen hab ich die

Bemerkung von Pond und Sayer, daß die meisten Katzen-Halter dazu neigen, ihr Exemplar als besonders genial auszugeben. Diese Hybris dehnt sich offenbar bis ins Unbewußte aus. Neulich träumte mir, ein bewaffneter Einbrecher sei in unser Haus eingedrungen, und Minouche trat ihm entgegen mit den Worten: Nicht schießen – Katze! Da man sich ja im Traum nicht wundert, nahm ich die Beherrschung von Situation und Sprache durch das Tier als völlig logisch hin, sowieso wagt kein Familienmitglied, Minouches Intelligenz in Frage zu stellen, nachdem ich den Traum zufrieden zum besten gab, zweifeln Mann und Tochter allerdings an meiner eigenen Intelligenz.
Mit dergleichen haben sich *Katzenirre* abzufinden, ebenso mit der Tatsache, daß sich ihre Favoriten in keine Formel fassen lassen, strenge Anweisungen schlankweg ignorieren und Dressur ihnen verhaßt ist, was stolze Hunde-Besitzer, auf ihre abgerichteten, gehorsamen Untergebenen verweisend, den reizenden Katzen-Anarchisten als nicht wettzumachenden Mangel ankreiden. Zu Recht fragen Pond und Sayer: »Aber ist es wirklich ein Zeichen von Intelligenz, Kunststücke auszuführen? (...) Oder handelt es sich nicht vielmehr darum, daß die Katze von einem ›Vorgesetzten‹ unabhängig ist und es vorzieht, genau das zu tun, was sie will und wann sie es will?«

Der Katze entspricht die Reaktion des charmant-renitenten Gerard Philip im Film »Fanfan der Husar«, wo Soldaten im Dreck gedrillt werden: Auf – Nieder! Auf – Nieder! Fanfan verweigert den Befehl und bleibt aufrecht vor der Front stehen: »Das ist mir zu blöd!«

Manche Menschen treten den faszinierenden Feliden mit vielen ungebührlichen Forderungen zu nahe. Weil ich Katzen in ihren unzähligen Formen, Farben, Mischungen mag, reizen mich hochgeschraubte Züchter-Ziele und unerbittliche Rasse-Standards zum Auslächeln. Die beiden Autorinnen listen penibel auf, welche Merkmale Blau-Perser, Rex, Chocolate-Point Siam, Chinchilla, Birma und Lilac Tortie vorweisen müssen, um als gelungen und rein zu gelten. Andererseits findet sich bei ihnen dieser tröstende und tolerante Satz: »Die Katze, die einem selbst gehört, wird stets die beste Katze der Welt sein.«
Ich will dennoch an einem Beispiel klarmachen, wieviel von einem Top-Tier verlangt wird. »Bei den ›Rotgestromten‹ sollten sich auf dem Rücken drei dunkle Parallelstreifen entlangziehen, auf den Flanken sind Austernmuster erwünscht, auf der Schulter Schmetterlingsabzeichen. Außerdem fordert der Standard doppelte ›Halsketten‹...« (zitiert nach Frank Manolson »Katzen – Das Rätsel

ihres Verhaltens und ihrer Sprache«, München 1979).

Oje, dachte ich, dies lesend, da kann man als Katzenfreund nur wünschen, die von Natur Freiheitsdurstigen schließen sich eines Tages zusammen und verkünden in einem Manifest, die »Rotgestromten« haben nichts zu verlieren als ihre »Halsketten«!

Den ebenfalls in England lebenden Katzen-Kenner Manolson habe ich nicht nur wegen des oben zitierten Textes erwähnt, ich brauche den Autor auch, um einige Katzen-Kuriosa zu komplettieren. Grace Pond und Angela Sayer erzählen liebenswerte Legenden über Katzen, die, kaum, daß die Fluten zurückgingen, rasch von der Arche Noah wegwollten und durchs Fenster sprangen, dabei hätten die Hunde nach ihnen geschnappt und ihnen den Schwanz abgebissen, welcher Vorgang die Entstehung der Feindschaft zwischen beiden Tierarten erkläre und zugleich die schwanzlose Manx. Das ist nachvollziehbar, überzeugend klingt jedoch auch, was Manolson dazu schreibt: Eine kluge alte Manx-Mutter beobachtete, wie Soldaten den Katzen die buschigen Schwänze abschnitten und ihre Helme damit schmückten. Um ihre Jungen vor der Schmach und dem Schmerz zu bewahren, biß sie ihnen die Schwänzchen selbst ab. Ihre Nachkommen hielten es genauso, und deshalb sind die Manx bis heute ohne Schwanz.

Wieviel psychologische und praktische Kenntnisse Pond und Sayer in ihr Katzen-Buch einbringen, erstaunt und erfreut immer aufs neue. Dabei vermenschlichen sie unsere schönen, zärtlichen Gefährten nicht, sondern geben der Katze, was der Katze ist, die Integrität eines vollkommenen, vollendeten und seinen eigenen Gesetzen gehorchenden Geschöpfes. Daß diese nicht immer mit denen ihrer »Besitzer« übereinstimmen, ist unleugbar; aber auch wenn uns die sanften Kuscheltiere entsetzlich auf die Nerven gehen, plädieren die beiden englischen Ladies für absolutes Fairplay. Katzen nämlich können bei Krankheit, sexueller Frustration, Eifersucht auf Artgenossen, Umzug, Einzug eines »neuen« Menschen in »ihre« Wohnung völlig die Contenance verlieren, wobei sie als erstes ihre Stubenreinheit vergessen und sich verewigen, wo es ihnen paßt. Hier empfehlen Pond und Sayer nicht etwa Strafen, sondern das Verbringen des Übeltäters in einen Raum, in dem er weiter keinen Schaden anrichten kann. Bleiben sollte die Katze darin, »bis sie ihre guten Manieren wiedergefunden hat«. Bei soviel Verständnis betrübt es mich, daß die beiden Damen nicht abschmettern, was den Katzen immer wieder vorgeworfen wird: ihre sogenannte Grausamkeit.

Nach den vielen englischen Kapazitäten sei dazu ein deutscher Spezialist angeführt, der Verhaltens-

Forscher Leyhausen. Er sagt, die Katze prüfe durch Fangen – Freilassen – Fangen die Reflexe der Beute, um sicher zu sein, kein reaktionsunfähiges, also krankes Tier erwischt zu haben. Manolson meint, die Maus würde geschüttelt, um den Gleichgewichtsmechanismus der Ohren zu stören und sie dadurch zu desorientieren. Mithin keine Lust am Quälen des Opfers. Die Erklärungen ändern zwar nichts an dessen Schicksal, befreien die fleißigen Mäuse- und Rattenfänger jedoch vom schlimmen Ruf der Sadisten.

Das ist deshalb wichtig, weil unüberlegte Leute ihren Haß auf Katzen mit deren »Grausamkeit« begründen und sich ihrerseits widerlich gegen sie verhalten, sie treten, quälen, verstümmeln, totschlagen.

Für die nahezu pathologische Furcht vor Katzen gibt es einen Begriff: Ailurophobie. Pond und Sayer nennen zwei davon Befallene: Napoleon und Hitler. Beim schäferhundfixierten, faschistischen Machtergreifer wundert mich das gar nicht, während Napoleon – na ja, aber der fehlentwickelte schließlich auch diktatorische Züge. Damit aber nicht der Eindruck entsteht, die Katzen besäßen in den oberen Rängen der Macht gar keine Lobbyisten, seien als ihnen herzlich zugetan Richelieu und Lenin erwähnt, vom berühmten Russen berichtet seine Lebensgefährtin Krupskaja sehr anschaulich: Kaum hatte die Oktoberrevolution gesiegt, roch es im Kreml nach Katzen und Karbol. An Feinden mangelt es der Katze nicht, glücklicherweise auch nicht an Freunden. Sie wurde vergottet (z. B. in Ägypten) und verteufelt (z. B. im Mittelalter). Sarkophage wurden ihr ebenso errichtet wie Scheiterhaufen. Es spricht für das Tier, daß es beides überstand: Anbetung und aberwitzigen Abscheu.

Von den historischen Höhen und Tiefen zum schlichten Alltag! Ich reihe hier einfach hintereinander auf, was mir beachtenswert erscheint in diesem Buch, praktikable Ratschläge für den Umgang mit Kurz- und Langhaarigen in gesunden und kranken Tagen. Viel Vernünftiges zur Fortpflanzung, sollte immer wieder betont werden. Verhängnisvolle Fruchtbarkeit der Katzen beizeiten durch Sterilisation stoppen. Mutterlose Junge oder unpäßliche erwachsene Tiere an Augen, Nase, Mund mit Vaseline und im Analbereich mit feuchtem Wattebausch reinigen; weil die Katze ein hygienebewußtes Geschöpf ist, muß der Mensch sie unterstützen, wenn sie sich nicht selbst putzen kann.
In der frühen Kindheit kulinarische Vielfalt einüben, sonst steht man später mit einem einseitig ausgerichteten Kostgänger da. Motto: Was der

Bauer nicht kennt, frißt er nicht. (Hab ich versäumt, meine Katzen sind frischfleischfixiert.)
Kätzinnen nicht als oversexed betrachten, weil sie permanent erotisiert scheinen, sie sind nicht »unmoralisch«, sondern wortwörtlich überhitzt, ihre Dauerrolligkeit ist Folge der zentralgeheizten Wohnung. (Hab ich nicht gewußt und meine arme Minouche als liebestoll denunziert.)
Für den Besitzer hat die immerwährende Liebessehnsucht auch ihre angenehmen Seiten, er ist von einem Fulltime-Kuscheltier umschmeichelt. Wem Zärtlichkeit lästig ist, der sollte sich besser keine Katze anschaffen, sie brauchen ihre Streicheleinheiten und wollen sie schnurrend und rundum liebevoll dem Menschen zurückgeben. Streicheln hat auch einen äußeren Effekt, das Fell glänzt daraufhin so fein.
Katzen sind, das versichern Grace Pond und Angela Sayer glaubhaft, an Spaziergänge im Geschirr und Fahren im Auto zu gewöhnen, wenn man das Training geduldig und zeitig genug beginnt. Überlebenswichtig für Großstadt-Katzen, deren verständlichen Bewegungsdrang man an der Leine gebremst, aber dafür ungefährdet befriedigen kann. Man erinnere sich an den vergnügten Reise-Kater aus dem bezaubernden amerikanischen Spielfilm »Harry und Tonto«.
Ausflüge an der Leine bewahren die Katzen über-

dies vor organisierten Diebesbanden, deren Mitglieder, angelockt durch einen Stückpreis von 50,– DM, die gestohlenen Tiere an chemische und pharmazeutische Betriebe verkaufen, wo sie hinter verschlossenen Labortüren qualvollen, in ihrem Nutzen höchstumstrittenen Experimenten und einem elenden Tod ausgeliefert werden. Ein Kapitel für sich – ein sehr trauriges, im vorliegenden Buch nicht enthalten, obwohl die beiden Autorinnen sonst nicht versäumen, auf die vielfältige Verantwortung hinzuweisen, die man mit der Anschaffung eines Haustieres auf sich nimmt.
Hierher gehören auch Sprung oder Sturz aus großer Höhe. Da bin ich nicht einverstanden mit Pond und Sayer, die konstatieren, daß das Tier immer sicher auf allen vier Beinen landet, kurz vorher aber schreiben sie über »Hunderte von Metern hoch wandelnde Katzen«; hoffentlich versucht niemand, diese beiden Informationen miteinander verknüpfend, seine Katze die Probe aufs Exempel machen zu lassen. Ich möchte dringend vor derart großen Sprüngen abraten, I. oder II. Etage – na ja, guten Flug! Aber hüten Sie Ihre Hochhaus-Katzen!
Überlese ich noch einmal die letzten Abschnitte, scheint mir, ich hätte sie mit erhobenem Zeigefinger geschrieben – eine arbeitstechnische und anatomische Unmöglichkeit. Ich will den Fan nicht frustrieren, ihm durchaus nicht den Spaß an seinen

putzigen und prächtigen Vierbeinern verderben, dafür habe ich selbst zuviel Freude an Katzen. Wie herrlich entspannend ist es, mit ihnen zu spielen, nichtsdestoweniger sind sie kein Spielzeug! Zum Donnerwetter, Zeigefinger runter!

Damit wir aber nicht blind und einseitig kätzisch ausgerichtet enden, möchte ich zum Schluß den bildenden Künstler HAP Grieshaber zitieren. Er wurde in einem Fernseh-Interview gefragt, ob er in der Katze nicht auch ein besonders geglücktes Meisterwerk der Natur sehe. Darauf Grieshaber, in großer Gerechtigkeit: Gewiß ist dieses Tier schön. Doch in ihrer Art ist auch eine Ameise vollkommen!

Wohl wahr. Nur ist es so furchtbar schwer, eine Ameise zu streicheln.

Ingrid Zwerenz

Die Familie der Feliden

Katzen, Langhaar- und Kurzhaarkatzen, sind nur einige der vielen Mitglieder der sehr großen Katzenfamilie, der Feliden, wie der Sammelbegriff für alle Katzen lautet.
Es hat lange gedauert, bis diese schönen, fellbedeckten Tiere so wurden, wie wir sie heute kennen. Mehr als vierzig Millionen Jahre sind vergangen, seit sich ihre Ahnen, die Miaciden, im Laufe des Eozäns herausgebildet haben. Es waren kleine, katzenartige Geschöpfe, Jäger und Baumkletterer: Vorfahren verschiedener Arten, die sich später entwickelt haben und zu denen zum Beispiel der Bär, der Hund, die Robbe, die Zibetkatze und alle übrigen Katzen gehören.
Aufgrund in der ganzen Welt gefundener Fossilien sind wir heute in der Lage, die Geschichte der Feliden sehr weit zurückzuverfolgen. Wir können davon ausgehen, daß sich die »Ur-Katzen« allmählich in zwei Gruppen teilten. Zur ersten Gruppe

gehörte der Hoplophoneus, aus dem sich schließlich der Säbelzahntiger entwickelte, von dem man weiß, daß er in Amerika, Asien und Europa gelebt hat. Es handelte sich um ein wild aussehendes Tier mit Hauern, die mindestens 18 cm lang waren und ein Opfer regelrecht erdolchen konnten. Zur zweiten Gruppe gehörten die Dinicitis, deren Eckzähne nicht so lang wie die des Säbelzahntigers, aber dennoch gefährlich genug waren. Diese Dinicitis waren Baumkletterer, gute Springer, Schleichjäger und sehr wahrscheinlich die Vorfahren aller heute bekannten Katzen.

Es mag merkwürdig erscheinen, daß die großen Katzen, die Löwen und Tiger, derart eng mit den Hauskatzen verwandt sein sollen, die so sehr Teil unseres Lebens sind, aber ein Zoobesuch mag von den gemeinsamen Merkmalen überzeugen. Im Londoner Zoologischen Garten im Regent's Park gibt es eine wunderschöne Pantherin mit glänzend schwarzem Fell, kräftigem Kopf und großen Augen, die an Bagheera in Rudyard Kiplings *Dschungelbuch* erinnert und die abgesehen von ihrer Größe ein Zwilling vieler Hauskatzen sein könnte. Das Zucken ihres Schwanzes, die Art und Weise, wie sie sich, Beine in der Luft, auf dem Rücken wälzt, das leise Grollen, das sie von Zeit zu Zeit von sich gibt, all das sind Eigenheiten, die auch bei den meisten Katzen zu finden sind.

Feliden sind vorrangig Fleischfresser, manche Aasfresser, andere bevorzugen eben erst getötete Tiere. Die Körperform ist dem zum Packen der Beute erforderlichen Anschleichen angepaßt. Klug, schnell und lautlos in der Bewegung – eine ganze Reihe von ihnen kann Felsen und Bäume erklettern –, gibt es sie in nahezu jeder Größe, vom bis zu vierhundert Pfund schweren Löwen bis hinunter zu der kleinen, roten Malaysia-Katze, die nur drei oder vier Pfund wiegt.

Wir werden in diesem Buch vor allem auf das Wesen der gezähmten Katze eingehen, doch haben die Feliden im Grunde alle die gleichen typischen Merkmale: Der kurze, gerundete Schädel ist durch starke Muskeln mit dem biegsamen Rückgrat verbunden, so daß der Kopf rasch in alle Richtungen gedreht werden kann. Der Kiefer ist kurz und kann nur auf und ab bewegt werden. Die sechsundzwanzig Milchzähne fallen aus und werden durch ein Gebiß von dreißig spitzen Zähnen ersetzt: sechzehn im Oberkiefer und vierzehn im Unterkiefer – Schneidezähne, Prämolaren, Backenzähne und die sehr wichtigen Reißzähne. Da sie scherenartig benutzt werden, können Katzen das Fleisch packen und auseinanderreißen, jedoch nicht so gut kauen, aber Katzen können ja mit Leichtigkeit große Brocken Fleisch unzerkaut hinunterschlucken.

Die Zunge ist rauh und mit kleinen, nach hinten

gerichteten Papillen bedeckt; damit läßt sich Fleisch von den Knochen abraspeln, Flüssiges auflecken und das Fell säubern. Die Backen sind gut entwickelt. Das Maul ist kräftig, doch kurz im Vergleich zu dem ihrer frühen Vorfahren und zu dem der anderen Gruppen, die sich aus ihnen entwickelt haben.

Die Vibrissae oder Barthaare sind kräftig, dick und außerordentlich empfindlich, da sie mit Nerven verbunden sind. Sie sind äußerst nützliche Sinnesorgane; vor allem ermöglichen sie es dem Tier beim Jagen im Dämmerlicht, den Weg vorsichtig zu ertasten.

Das Gehör ist gut entwickelt und sehr leistungsfähig, was für die Jagd in der Wildnis wichtig ist. Der Kopf kann rasch herumgedreht werden, um jedes kleinste Geräusch aufzunehmen, wobei die Ohrmuscheln ähnlich wie Parabolspiegel funktionieren. Die Stellung der Ohren ist auch häufig ein Anzeichen für die Stimmung, zumal bei der Hauskatze.

Am auffälligsten sind die Augen einiger Feliden, deren Pupillen bei geringem Licht wie große, runde Öffnungen und im hellen Sonnenschein wie enge, vertikale Spalten wirken. Es heißt sogar, daß die Chinesen die Tageszeit an der unterschiedlichen Größe der Pupillen ihrer Katzen ablesen konnten. Jedenfalls wird zu starkes Licht ausgeschlossen, während die Pupillen bei Einbruch der Dunkelheit weit geöffnet sind, um das wenige vorhandene Licht zu nutzen. Früher glaubte man, die Pupillen würden sich bei zunehmendem Mond vergrößern und bei abnehmendem verkleinern. Aber das stimmt natürlich nicht. Ebensowenig trifft es zu, daß Katzen im Dunkeln sehen. Immerhin können sie aber bei sehr wenig Licht noch wahrnehmen, was für ihre nächtlichen Jagdgewohnheiten unerläßlich ist. Zoologen zufolge sind Katzen farbenblind und unterscheiden nur grauweiße Schattierungen, dafür scheinen sie über eine sehr große Sehschärfe zu verfügen: Sie erkennen mühelos einen kleinen Gegenstand auf einem Hintergrund der gleichen Farbe.

Häufig heißt es, daß Katzen einen nur schwach entwickelten Geruchssinn hätten. Vielleicht ist er nicht so hoch entwickelt wie bei Hunden, aber für Hauskatzen, die aus weiter Entfernung riechen können, wenn ihr Futter kocht, ist dieser Geruchssinn zumindest mehr als ausreichend. Hauskatzen weigern sich zu fressen, wenn etwas nicht mehr frisch ist; und wenn sie eine Erkältung haben und nicht in der Lage sind, das Futter zu riechen, sind sie nur schwer zu bewegen, überhaupt etwas zu sich zu nehmen.

Feliden sind Zehengänger und können sich bei der Jagd geräuschlos bewegen. An den Vorderläufen befinden sich fünf Zehen, an den Hinterläufen vier, aber manche Hauskatzen, Polydaktylen, haben aufgrund einer Mutation gelegentlich auch sechs oder gar sieben Zehen an den Vorder- und fünf oder sechs an den Hinterbeinen. Die Pfoten sind gepolstert und die Krallen einziehbar; sie können also auf Wunsch eingezogen oder ausgefahren werden. Früher war man der Meinung, daß der Jagdleopard seine Klauen nicht einziehen könne und daher eine Ausnahme sei, doch ist unterdessen erwiesen, daß er das sehr wohl kann, nur haben die Klauen nicht denselben Hautschutz wie Katzenkrallen.

Ein biegsames Rückgrat, kräftige Hinterbeine und starke Muskeln verleihen der Katze die Fähigkeit, mühelos vor- und hochzuspringen; alle ihre Bewegungen sind leicht und anmutig. Der Schwanz wird zur Regulierung des Gleichgewichts benutzt und kann – wie die Ohren – die jeweilige Stimmung anzeigen.

Bei Wildkatzen variieren Markierungen und Färbungen des Fells je nach der Landschaft, in der sie leben. Die Lohfarbe des Löwen verschmilzt mit der Farbe der Steppe, in der er jagt, während die Zeichnung des Tigerfells dem durch das Unterholz schleichenden Tier eine vollkommene Tarnung gibt. Andere Großkatzen haben Flecken und Streifen, durch die sie im Dickicht des Dschungels kaum

zu erkennen sind. Durch gezielte Zucht finden sich heute ähnliche Markierungen und Färbungen bei den verschiedenen Familien unserer Hauskatzen.
Die Würfe bestehen aus einem bis zu sechs Jungen – drei sind der Durchschnitt –, und die Trächtigkeitsperiode beträgt von 108 Tagen beim Löwen bis hinunter zu ungefähr sechzig Tagen bei der europäischen Wildkatze.
Soviel über die allgemeinen Merkmale der Feliden. Sie sind alle, wild oder gezähmt, miteinander verwandt. Einige sind der Hauskatze im Aussehen sehr ähnlich, aber jemand, der mit dem Gedanken spielt, vielleicht eine kleine Wildkatze, beispielsweise eine Zwergtigerkatze (Margay), als Haustier zu erwerben, sollte es sich lieber zweimal überlegen. Die meisten dieser kleinen Tiere werden mit Fallen im Dschungel gefangen und kommen oft in sehr schlechtem Zustand an, brauchen also besondere medizinische Betreuung. Überdies ist es grausam, diese an völlige Freiheit gewöhnten Raubtiere in Käfige einzusperren. Sie werden dann auch oft bald krank und sterben.

Die Geschichte der Hauskatze

Über die Herkunft der Hauskatzen ist viel geschrieben worden, allerdings meist aufgrund von Vermutungen, da nur sehr wenig konkretes Belegmaterial vorhanden ist und niemand mit Sicherheit behaupten kann, er kenne die wahre Geschichte. Jedenfalls sind die ersten Katzen nicht einfach plötzlich da gewesen, sondern haben sich ganz allmählich entwickelt, möglicherweise durch Zähmen und Kreuzen kleinerer Wüstenkatzen. Einige Wildkatzenarten, wie die afrikanische Falbkatze und die indische Wüstenkatze, haben sich tatsächlich als zähmbar erwiesen. Vielleicht sind ihre Ahnen als kleine Kätzchen von Jägern mit nach Hause gebracht worden, nachdem diese die Eltern getötet hatten. Vielleicht sind sie dann von den Kindern angenommen und verwöhnt worden und durften bleiben. Wie dem auch sei, es müssen viele, viele Jahre vergangen sein, ehe eine Eingewöhnung erreicht worden ist, denn auch Wildkatzen, die in der

Gefangenschaft geboren werden und deren Eltern verhältnismäßig zahm sind, werden nicht natürlicherweise zahm; manche werden es nie. Offensichtlich gehen viele Züge der heutigen Katze auf die Vorfahren aus ferner Vergangenheit zurück. Die meisten jungen Katzen haben eine nur sehr kurze Bindung an die Mutter, aber das Jagen und Anschleichen der Beute beherrschen die meisten von ihnen instinktiv.

Ägypten scheint das Verdienst zuzufallen, als eines der ersten Länder Katzen gezähmt zu haben, möglicherweise die Falbkatze. Bilder und andere Funde zeigen, daß Katzen dort schon vor mehr als viertausend Jahren Haustiere gewesen sind. Zuerst wurden sie vielleicht nur wegen ihrer Geschicklichkeit beim Fangen von Schlangen, Ratten und Mäusen bewundert. In dieser Eigenschaft wurden sie zu Beschützern der Kornspeicher und Tempel, wo sie häufig von den Priestern gehalten wurden. Weitere Achtung wurde ihnen seitens ihrer Herren wegen ihrer Intelligenz und Gelassenheit entgegengebracht, aber auch wegen ihrer Geschicklichkeit beim Fangen von Fischen und Geflügel, wie das auf vielen Wandgemälden dargestellt ist. Danach zu schließen, könnten Katzen zum Apportieren eingesetzt worden sein.

Später wurden sie aufgrund ihrer Fähigkeit, regelmäßig zahlreiche Junge in die Welt zu setzen, zu

Symbolen der Fruchtbarkeit. Der griechische Philosoph Plutarch stellte fest, daß die Katze »zuerst ein Kätzchen, danach zwei und beim dritten Mal drei Kätzchen hervorbringt und daß die Anzahl sich solchermaßen weiter erhöht bis zur siebenten und letzten Geburt, so daß sie im ganzen achtundzwanzig Junge trägt oder soviele wie die Zahl der Umdrehungen des Mondes«. Doch Plutarch irrte: Viele gewöhnliche Hauskatzen bekommen im Verlauf ihres Lebens mehr als hundert Junge, wenn man sie sich ungehindert fortpflanzen läßt; viele haben beim ersten Wurf gleich sechs.

Die alten Ägypter haben stets viele Tiere verehrt, aber wahrscheinlich keines mehr als die Katze, deren hervorragende Qualitäten sie sehr schätzten. So wurden denn auch im Laufe der Zeit der Katze Tempel errichtet, und Herodot zufolge, der Ägypten 450 v. Chr. bereiste, war der Tempel von Bubastis in der Nähe von Theben am Nil »der schönste in ganz Ägypten«. Hier wurde Bastet, die gütige Göttin mit dem Kopf einer Katze und dem Körper einer Frau mit viel Pomp und aufwendigen Zeremonien verehrt. Jedes Jahr wurde ihr zu Ehren ein großes Fest gefeiert, an dem manchmal mehr als siebzigtausend Gläubige aus ganz Ägypten teilnahmen.

Es gibt zahlreiche Figuren, Statuen und Wandmalereien, die Bastet mit einem Kätzchen zu Füßen darstellen. In der rechten Hand hält sie – als phallisches Symbol – ein Sistrum, ein Musikinstrument, welches häufig von einer kleinen Katzenfigur gekrönt ist und die Fruchtbarkeit symbolisiert; das Sistrum wurde bei Prozessionen mitgeführt und wie eine Rassel geschüttelt, um böse Geister abzuwehren.

Mit der Zeit hatte schließlich fast jeder ägyptische Haushalt eine lebendige Katze und häufig auch Statuetten als Schutz gegen das Böse. Bei einem Brand mußte als erstes die Katze gerettet werden. Wurde eine Katze auch nur unabsichtlich getötet, dann wurde derjenige, der sie auf dem Gewissen hatte, mit dem Tode bestraft. Wenn eine Katze starb, trug die gesamte Familie Trauer und rasierte sich zum Zeichen des Schmerzes die Augenbrauen ab.

Um 500 v. Chr. befand sich die Katze noch in einer so unangreifbaren Position, daß sich die Perser dies zunutze machten, als sie mit den Ägyptern um Pelusium, heute Tisseh, kämpften. Der persische Herrscher Kambyses ließ alle Katzen einfangen, derer man habhaft werden konnte, und sie vor seine Soldaten setzen. Außerdem trug jeder Soldat eine Katze als »Schild« vor sich her. Die Ägypter weigerten sich auch tatsächlich, den von ihnen verehrten Katzen Schaden zuzufügen, und Kambyses siegte.

Eifersüchtig bewachten die Ägypter ihre heiligen Katzen. Jeder Export war verboten. Indessen muß in jenen Tagen durch Reisende ein eifriger Schmuggel betrieben worden sein, denn plötzlich traten in vielen anderen Teilen der Welt Hauskatzen auf.
Für andere Länder gibt es keine so gründlichen Belege über frühe Hauskatzen wie in Ägypten, aber man weiß, daß sie in Indien bekannt waren, denn sie wurden vor mehr als dreitausend Jahren in Sanskritschriften erwähnt. Es ist möglich, daß die Entwicklung dort ähnlich verlaufen ist wie in Ägypten, also mit der Zähmung der Wüstenkatze begann. In Indien gibt es viele Legenden, in denen Katzen durch List und Schlauheit stets siegreich bleiben. Man nannte sie »Mäuse-Feinde« und »Ratten-Fresser« – Eigenschaften, deretwegen man sie sehr bewunderte.
Wir haben ferner Beweise dafür, daß es vor zweitausend Jahren auch in China schon gezähmte Katzen gegeben hat; damals glaubte man, der Mensch verwandle sich nach dem Tod in eine Katze. Carl van Vechten schreibt in seinem Buch *Tiger in the House* (Der Tiger im Haus), daß dieser Glaube die mächtige Kaiserin Wu dazu veranlaßt habe, »Katzen den Zutritt zu ihrem Palast zu verbieten, weil eine Hofdame, bevor sie auf grausame Weise hingerichtet wurde, gedroht hatte, Ihre Königliche Hoheit in eine Ratte zu verwandeln und sie

in Gestalt einer Gespensterkatze zu quälen«. Im allgemeinen waren Katzen für die Damen Chinas ein Gegenstand der Anbetung; besonders geschätzt wurde ihr Geschick als Ratten- und Mäusefänger. In Japan wiederum hielt man es eine Zeitlang für ausreichend, ein Katzenbild aufzustellen, um Mäuse abzuwehren, bald jedoch kam man darauf, daß lebende Tiere dafür entschieden brauchbarer waren. Unglücklicherweise wurden jedoch schon hundert Jahre später Katzen für Verbündete von Dämonen gehalten und entsprechend gefürchtet. Immerhin gibt es in Tokio noch einen Tempel, in dem Katzen nach ihrem Tod verehrt werden. Die kleinen Gräber sind mit Katzenstatuen und -gemälden und buddhistischen Gebetstafeln geschmückt. Meist handelt es sich um »Glücksbringer«, die mit erhobener rechter Pfote dargestellt und als Reproduktionen häufig von Touristen aus Japan mit nach Hause genommen werden.

In der Bibel ist von Katzen nicht die Rede, vielleicht weil die Hebräer alles haßten, was mit Ägypten zusammenhing.

Die Römer erwähnten Katzen zwar nur selten, aber es ist bekannt, daß sie den Katzenkult aus Ägypten nach Italien mitgebracht und ihren ägyptischen Besuchern zuliebe in Rom einen Katzentempel errichtet haben. Katzen wurden zum Symbol der Freiheit und als Embleme auf Schilden und Fahnen

der römischen Legionen getragen. Im Museum von Neapel ist auf einem berühmten Mosaik eine Katze zu sehen, die einen Vogel packt.
Auch die Araber – wie später die meisten Moslems – hatten eine ausgeprägte Vorliebe für Katzen und verehrten Plinius zufolge eine goldene Katze. Sie glaubten, daß die Dschinns – Geister und Dämonen – die Gestalt von Feliden und anderen Tieren annähmen und Katzen daher über magische Kräfte verfügten. Es gibt eine bezaubernde Geschichte vom Propheten Mohammed und seiner Katze Muezza, die auf dem Ärmel seines Gewandes eingeschlafen war; um den Schlaf seines Lieblings nicht zu stören, habe der Prophet den Ärmel abgeschnitten. Auf dieser kleinen Geschichte beruht vielleicht die hohe Achtung, die Katzen in vielen östlichen Ländern genießen, auch in der Türkei, wo man ihnen Zutritt zu den Moscheen gewährt.
Griechenland weist kaum Zeugnisse für die Zähmung von Katzen in der Frühzeit auf, und viele Sachverständige meinen, die ersten »Rattenfänger«, die man dort zum Schutz der Kornspeicher einsetzte, seien in Wirklichkeit Marder und Wiesel und nicht Katzen gewesen. Das British Museum in London besitzt griechische Vasen, auf denen Geschöpfe abgebildet sind, die man für Katzen hält, bei denen es sich jedoch vielleicht um Leoparden handelt. Aber ein 1922 in Griechenland entdecktes

Marmorrelief stellt ganz eindeutig einen Hund und eine Katze dar, die von zwei Jünglingen an Leinen geführt und zum Kampf angefeuert werden.

Von den Phöniziern, jenen Kaufleuten aus alter Zeit, wird häufig behauptet, sie seien es gewesen, die Katzen als Haustiere nach England gebracht hätten. Das mag zutreffen, kann jedoch nicht belegt werden. Gewöhnlich wird dieses Verdienst den Römern zugeschrieben. Zumindest deutet einiges darauf hin, daß es bis zur Zeit Julius Cäsars in England lediglich Wildkatzen gegeben hat, die man ihres Felles wegen jagte.

Bei Ausgrabungsarbeiten an einer römischen Villa aus der Zeit um 400 n. Chr. hat man in Lullington (Kent) die ältesten bekannten Überreste einer Hauskatze gefunden, die offenbar während des Brandes von einem herunterfallenden Balken erschlagen wurde. Die Römer werden ihre Katzen nach England mitgebracht haben, um die Getreidespeicher von Ratten und Mäusen frei zu halten, und auch als Haustiere für ihre Häuser, aber es werden zahlenmäßig nur wenige gewesen sein. Nachweisbar ist, daß Katzen sogar noch tausend Jahre nach der römischen Invasion in hohem Wert standen. Im Jahre 936 n. Chr. erließ Howel der Gute, einer der Prinzen von Wales, Gesetze, welche die ersten urkundlichen Belege für den Status und den Marktwert der Hauskatze liefern. Demnach kostete ein

Katzenjunges, das die Augen noch nicht auf hatte, einen Penny; nachdem es eine Maus gefangen hatte, bereits zwei, und wenn es weitere Beweise seiner Nützlichkeit erbracht hatte, vier Pennys. Wer eine Katze, welche die Kornkammern des Prinzen bewachte, stahl oder tötete, wurde zu einer Buße in Gestalt eines Mutterschafs, seines Fells und Lamms verurteilt oder zu der Menge Weizen, die aufgehäuft werden mußte, um die Spitze des Schwanzes zu bedecken, an dem die getötete Katze so aufgehängt war, daß ihr Kopf den Boden berührte. Wurden beim Verkauf die Eigenschaften einer Katze in betrügerischer Weise falsch dargestellt, dann hatte der Verkäufer zusätzlich zur Rückerstattung des Kaufpreises schwere Strafen zu gewärtigen. In der Schweiz und in Sachsen gab es ähnliche Gesetze.

Allmählich wurde die Hauskatze in den meisten Ländern der Welt bekannt. Besondere Aufmerksamkeit erlangte sie jedoch erst wieder, als sich im 15. Jahrhundert die Inquisition ihrer bemächtigte, die Beliebtheit der Katze fast völlig ins Gegenteil verkehrte und sie zu einer Verwandten des Teufels und der Hexen degradierte. Man erzählte sich Geschichten, in denen Katzen hinter den Hexen auf Besenstielen saßen und mit ihnen durch die Lüfte ritten. Harmlosen alten Frauen wurde der Prozeß gemacht, weil sie eine Katze besaßen, und häufig wurden sie mit diesen bei lebendigem Leib verbrannt. Viele Frauen wurden gefoltert und gezwungen zu gestehen, daß es ihnen möglich wäre, sich in Katzen zu verwandeln. Und in ein paar wenigen Ländern kam es einem Todesurteil gleich, ein Zwilling zu sein, da man glaubte, daß eines der beiden Geschwister fähig sei, jederzeit nach Belieben die Gestalt einer Katze anzunehmen.

Die Assoziation mit Hexerei machte die Katze zum Sündenbock für viele angebliche Plagen und Untaten, und eine Katze zu quälen galt vielfach als beliebte Form allgemeiner Unterhaltung. Das abergläubische Volk war überzeugt, daß Katzen die Ursache für jegliches Unheil, für Mißernten, Unwetter, Überschwemmungen und ähnliches seien, und brachte sie zu Hunderten um. In Frankreich wurden in jeder Johannisnacht Feuer angezündet, in denen man zur allgemeinen Belustigung Katzen verbrannte. Jede nur erdenkliche grauenvolle Todesart: Ertränken, Verbrennen, Hängen – nichts war zu schlimm für unschuldige Katzen, und das mehrere Jahrhunderte lang.

1618 wurde es den Einwohnern von Ypern mittels Gesetz verboten, ihre gewohnte Fastensitte weiter zu praktizieren, Katzen von der Spitze des Turms ihrer Kathedrale zu werfen, aber es dauerte noch sehr viel länger, bis man der Verfolgung im ganzen ein Ende setzte.

Erst die Aufklärung im Frankreich des 18. Jahrhunderts bewirkte, daß man Katzen wieder anders behandelte, es war eines der ersten Länder, das sie wieder in seine Gunst aufnahm. Und allmählich wurden sie in ganz Europa zu den verwöhnten Lieblingen der eleganten und wohlhabenden Welt, zu den Freunden der Künstler, Schriftsteller und Dichter.

Katzen in Literatur, Musik und Kunst

Im Laufe der Jahrhunderte ist unendlich viel über Katzen geschrieben worden, Positives wie Negatives, und es wäre tatsächlich recht schwierig, jene Werke auszuwählen, die für ihre Zeit am repräsentativsten sind. M. Oldfield Howey schrieb in *The Cat in the Mysteries of Religion and Magic* (Die Katze in den Mysterien von Religion und Magie): »Die Katze ist das Symbol des Guten wie des Bösen, des Lichtes und der Dunkelheit, für Christus und Satan, Religion und schwarze Magie, Sonne und Mond, Vater, Mutter und Sohn.« Und all das trifft zu, da die Katze in so mancher Verkleidung aufgetreten ist und viele Rollen zu spielen hatte.

Die Legende berichtet, daß Noah um Schutz vor Mäusen gebetet habe, als diese die Vorräte in der Arche aufzufressen begannen. Als Antwort darauf habe der Löwe geniest, und seinen Nüstern sei das erste Katzenpaar entsprungen. Ihr Anblick habe

die Mäuse dermaßen in Angst und Schrecken versetzt, daß sie in die nächsten Löcher verschwunden seien, was bis auf den heutigen Tag ihre Art, sich zu verstecken, geblieben ist.
Eine andere Legende erzählt, die Katze sei dermaßen bestrebt gewesen, die Arche zu verlassen, daß sie, als die Fluten zurückgingen, aufgesprungen sei, um rasch durch das Fenster zu entkommen. Da hätte der Hund nach ihr geschnappt und ihr den Schwanz abgebissen, was zum einen die Entstehung der schwanzlosen Manxkatzen und zum anderen den Ursprung der Feindschaft zwischen Hund und Katze erkläre.
In Skandinavien fuhr Freyja, die Göttin der Liebe und Schönheit, wie Venus in einem von zwei Hauskatzen gezogenen Wagen. Freyja wurde auch mit Nerthus, ihrer Mutter, gleichgesetzt, dem Symbol für die alles tragende Erde, und jeder, der für ihre Katzen Milch in die Getreidefelder stellte, erhielt, so hieß es, bei schlechtem Wetter besonderen Schutz für seine Ernte.
In der griechischen Mythologie wird von Diana, der Mondgöttin, berichtet, sie habe die Katze erschaffen, um sich an ihrem Bruder Apoll zu rächen und ihn lächerlich zu machen, da er den Löwen, den König der Tiere, ersonnen hatte, um Diana zu erschrecken.
Aesop, der griechische Sklave, welcher der Sage

nach um das Jahr 6 v. Chr. lebte, machte als einer der ersten die Fabel zum Gegenstand der Literatur. Ein großer Katzenkenner kann er freilich nicht gewesen sein, denn die Fabel *Der Adler, die Katze und das Wildschwein* zeigt die Katze in sehr schlechtem Licht; sie stiftet Unfrieden zwischen ihren beiden auf einer Eiche sitzenden Nachbarn, und die Moral lautet, daß »Doppelzüngigkeit viel Schaden anrichtet«.

Seither ist derart viel über Katzen geschrieben worden, daß es geradezu verwirrend ist: Es gibt Märchen, Sagen, Geschichten, Theaterstücke, Abhandlungen und Gedichte, manche bekannt, andere nicht.

In Deutschland dürfte fast jedes Kind die Geschichte vom »Gestiefelten Kater« kennen; in England begeistert die Cheshire-Katze aus *Alice im Wunderland* groß und klein; und Rudyard Kiplings Märchen *Die Katze geht ihre eigenen Wege* hat internationalen Ruf erlangt. Ähnliches gilt von E. T. A. Hoffmanns *Lebensansichten des Katers Murr.* Von Goethe über Tucholsky zu Andersch und Walser, von Maupassant, Baudelaire zu Zola, von Poe zu James Joyce und Hemingway reicht die Liste illustrer Schriftsteller, die uns bekannte Katzengeschichten hinterlassen haben.

Aber nicht genug damit: Sogar Komponisten haben sich von Katzen inspirieren lassen. Man denke nur an Rossinis Duett *Miau* oder Prokofjews musikalisches Märchen *Peter und der Wolf* – beides Kabinettstückchen der Musikliteratur.

Selbstverständlich finden sich Katzen, seit sie zuerst auf ägyptischen Fresken erschienen, die Jahrhunderte hindurch in verschiedenster Weise und Gestalt auch in der Bildenden Kunst. Gemälde und Zeichnungen berühmter Künstler, Filme, Plakate und Werbefernsehen, geben die verschiedenen Aspekte dieser faszinierenden Geschöpfe in all ihrer Wandelbarkeit und scheinbaren Widersprüchlichkeit wieder.

Katzen zufriedenstellend zu zeichnen oder zu malen, ist sehr schwierig. Sie sind derart schnell in der Bewegung und so unglaubliche Energiebündel, daß sie kaum jemals lange genug stillsitzen, um als Modelle brauchbar zu sein. Das ist wahrscheinlich einer der Gründe dafür, daß es so viele Darstellungen von schlafenden Katzen gibt.

Italienische, holländische und flämische Maler haben Katzen in viele fromme Bilder aufgenommen. Jan Breughel malte Adam und Evas Vertreibung aus dem Paradies mit einer ausgestreckt schlafenden Katze, die bezeichnenderweise das Geschehnis völlig ignoriert. Leonardo da Vincis Zeichnungen erfaßten Katzen in ganz typischen Stellungen. Dürer, Rembrandt, Manet, Hogarth, Tintoretto und

Picasso sind nur ein paar wenige unter den Künstlern, die Katzen in vielen Stimmungen verewigt haben, als verwöhnte Haustiere oder aristokratische Geschöpfe, manche als wahrhaft erschreckende Wesen und andere nur schattenhaft im Hintergrund.

Viel Gefühl für Katzen haben auch die Japaner in zahlreichen ihrer Gemälde bewiesen. Utamaro im 18. und Kuniyoshi im 19. Jahrhundert haben entzückende Katzenstudien gezeichnet, und Kuniyoshis Karikaturen von Schauspielern in Gestalt von Katzen wirken noch immer sehr komisch.

Die holländische Malerin Henriette Ronner genoß gegen Ende des 19. und zu Beginn des 20. Jahrhunderts großes Ansehen wegen ihrer zahllosen Katzenporträts; viele davon wurden von Königshäusern erworben.

Offenbar können Künstler, die eine Zuneigung zu Katzen haben, diese realistischer darstellen, sie in charakteristischen Haltungen erfassen und häufig auch ihre Persönlichkeiten aufzeigen, während sie bei Künstlern, die sie lediglich als Modelle verwenden, eher hölzern wirken.

Außer in der Malerei sind Katzen zu allen Zeiten als Wappentiere aufgetreten, auf Gasthausschildern, auf alten Schnitzereien in Kirchen, auf Markenzeichen jeder Art. Seit den Bronzestatuetten der alten Ägypter und den Tonfiguren, die man in Südameri-

ka gefunden hat, sind Katzendarstellungen in Holz, Porzellan, Glas, Metall und sogar in Gold immer beliebt gewesen.
Viele Jahre lang hat man in der ganzen Welt Katzen für die Werbung verwendet, für Zigaretten wie für Teppiche. Sogar eine Reihe von Briefmarken zieren sie.
Seit »Felix, der Kater« zum erstenmal über die Mattscheibe spaziert ist, sind zahllose Katzen in Trick- und anderen Filmen erschienen. Walt Disney hat sie in mehreren abendfüllenden Filmen auftreten lassen, in denen es ihnen immer gelang, den eigentlichen Stars die Schau zu stehlen. Im englischen Fernsehen erschien ein siamesischer Kater namens Jason jahrelang regelmäßig in einem Kinderprogramm; er bekam seine eigene Verehrerpost und zog Hunderte von Kindern an, wenn er einmal irgendwo persönlich auftrat.

Katzenrassen

Hier noch einiges zur allgemeinen Geschichte der Hauskatze. Soweit bekannt, waren Katzen ursprünglich kurzhaarig. Erst Ende des 16. Jahrhunderts, vielleicht etwas früher, tauchten die ersten Katzen mit langem Fell in Europa auf. Der Naturforscher und Gelehrte Nicholas Claude Fabri de Peirese soll die erste Angorakatze nach Frankreich gebracht haben; wie man annimmt, aus der Türkei. Da wir wissen, daß sich das Fell durch Mutation ändern kann und auch das gelockte Fell der Rexkatzen, der Kurzhaarkatzen, aus Zufall entstand, ist es möglich, daß das lange Fell ebenfalls durch Mutation entstanden ist. Es ist denkbar, daß eine Katze mit dickerem Fell in einem bestimmten Gebiet, vielleicht einer Gebirgslandschaft, einen Wurf mit längerem Haar als sonst hatte und daß gezielte Kreuzungen zwischen den langhaarigen Nachkömmlingen die heutige Länge des Fells bewirkten. Das Fell der frühen Langhaarkatzen war nicht so

dicht wie das der heutigen, das ein Resultat jahrelanger, gezielter Zucht ist.
Zuerst nannte man Katzen mit langem Haar asiatische oder östliche Katzen, um sie von den europäischen Kurzhaarkatzen zu unterscheiden. Man nahm an, daß sie aus Angora, dem heutigen Ankara, in der Türkei stammten. Es gab sie angeblich in sämtlichen Farbschattierungen, wobei weiße am begehrtesten waren, zumal wenn ihr Gehör in Ordnung war. Seit langem ist bekannt, daß gewisse Spielarten weißer Katzen mit blauen Augen unter Taubheit leiden. Die frühen Angorakatzen hatten kleine Köpfe mit langen Nasen, großen Ohren und besaßen ein anliegendes seidiges Fell, das dem der heute anerkannten Türkischen Katzen sehr ähnlich war.
Danach kamen die Langhaarkatzen aus Persien, die indessen in ihrem Ursprungsland kaum mehr zu existieren scheinen, denn sie werden heute von Europa nach Persien verkauft. Diese Perserkatzen hatten breitere Köpfe, kleinere Ohren, Halskrausen und größere Augen als die Angorakatzen. Das Fell war länger, dichter und weniger seidig; die Farben wechselten, aber schwarz war am begehrtesten.
In den eleganten Pariser Salons hielt man viel auf »Katzen aus Angora«. Man gab ihnen seidene Kissen, auf denen sie schliefen, schmückte sie mit

Bändern und betrachtete sie als ausgesprochen dekorativ. In der Folge wurden sie auch nach England exportiert, wo man sie zunächst französische Katzen nannte.
Als die Zahl der Langhaarkatzen in Europa zunahm, ließ die Beliebtheit der Katzen mit kurzem Fell nach, und so blieb es, bis die Siamkatzen auftauchten und rasch zu den beliebtesten Zuchtkatzen wurden. Heute nehmen Langhaarkatzen wieder einmal an Beliebtheit zu.
In Amerika trafen die ersten gezähmten Katzen mit den Pilgervätern und den ersten Missionaren ein. Im Laufe der Jahre kamen viele Siedler mit ihren Katzen an, deren Zahl sich somit stetig erhöhte. 1749 wurden in Pennsylvania Katzen eingeführt, um die Ratten zu bekämpfen. 1750 zahlte man in Paraguay für eine Hauskatze ein Goldpfund. Skulpturen von Tieren, die Katzen sein können, sind jedoch schon vor langer Zeit von den Inkas in Peru geschaffen worden; allerdings ist nicht sicher, ob es sich dabei um Abbilder von Hauskatzen handelt.
In den fünfziger Jahren des 19. Jahrhunderts tauchten in Maine Katzen mit längerem Fell auf; Seeleute hatten sie auf amerikanischen Schnellseglern aus der Türkei mitgebracht. Und diese Katzen wurden von nun an mit den einheimischen Kurzhaarkatzen gekreuzt. Das Ergebnis waren kräftige, stämmige

Katzen vom Typus Angora, mit dickem Fell, häufig mit getigerter Zeichnung, die als Maine Coons bekannt wurden. In vielen Fällen ähnelte das Fell dem des Waschbären – und bevor man sich darüber klar wurde, daß Kreuzungen zwischen Katzen und Bären biologisch unmöglich sind, betrachtete man die Tiere als halb Katze, halb Waschbär.
Bis zum Ende des 19. Jahrhunderts fanden viele preisgekrönte Katzen aus England den Weg in die Vereinigten Staaten. Auch dort fing man an, Katzenausstellungen zu veranstalten; man begann ernsthaft mit der Zucht, und heute blühen dort die Katzenliebhaberei und das Interesse an der Zucht von Katzen mit Stammbaum: alles in der kurzen Zeitspanne von ungefähr hundert Jahren.

Es gibt viele Bücher, die sämtliche Einzelheiten über die anerkannten Rassen vermitteln; aber oft wollen die Menschen einfach nur wissen, welche Rasse sich am besten zum Hausgenossen eignet. Das beste Haustier wird meist demjenigen gehören, der über die größte Vernunft verfügt, der keinen übertriebenen Kult mit dem Tier treibt, aber Zeit hat, der Katze die Aufmerksamkeit zu schenken, die sie braucht. Wird ein junges Kätzchen schlecht behandelt und von Kindern herumgezerrt, kann es sich zu einer boshaften, schlecht gelaunten Katze entwickeln, während ein Kätzchen, das der

Eigentümer kaum beachtet und das von ihm wenig Zuneigung erfährt, vielleicht eine langweilige, lethargische Katze wird.
Man sollte sich auch ganz klar der Vorteile und Nachteile einer Haltung von Katzen bewußt sein.

Die Vorteile:

– Katzen braucht man nicht auszuführen, aber manche Katzen laufen auch an der Leine, wenn man sie von Jugend an daran gewöhnt.
– Katzen leben glücklich in einer Wohnung oder innerhalb eines Hauses, vorausgesetzt, man hält sie zum Spielen an und hat Zeit für sie.
– Jedes Futter ist heutzutage teuer, aber Katzen sind keine großen Fresser. Sie sind mit rohem oder gekochtem Fleisch, mit Futter aus der Dose und ein paar zusätzlichen Leckerbissen zur Abwechslung zufrieden. Man kann ihnen auch Fisch geben, aber eine Katze, die nur damit gefüttert wird, bekommt unter Umständen Hautkrankheiten. Milch ist nicht wesentlich, aber frisches Trinkwasser sollte stets erreichbar sein.
– Nachdem Katzen sterilisiert worden sind, sind sie selten laut, obwohl ausgewachsene Kater und Kätzinnen – zumal wenn die Katze rollig wird – es durchaus auch sein können.
– Wenn notwendig, können Katzen in einem Tragkorb transportiert werden und ihre Eigentü-

mer auf Reisen begleiten. In manchen Ländern darf man sie allerdings nur mit über die Staatsgrenze nehmen, wenn der Besitzer bei der Rückkehr bereit ist, für die Katze eine Quarantäne von sechs Monaten und die obligatorische Tollwutspritze in Kauf zu nehmen bzw. zu bezahlen.

Die Nachteile:

– Eine Katze kann ein langes Leben haben, ein Alter von bis zu achtzehn Jahren ist ganz normal. Auch eine Katze stellt für den Besitzer eine Verantwortung dar, vor allem in Ferienzeiten, weil sie ihr tägliches Quantum an Aufmerksamkeit braucht.

– Das Füttern, Vorbereiten, Kochen des Futters und das Abwaschen, selbst der Einkauf und die Kosten des Futters können lästig werden. Ist kein Garten vorhanden, braucht man Katzenkisten, und Katzen sind sehr eigen, sie brauchen ständig frische Streu.

– Die Pflege kostet Zeit, obwohl das nach Rasse sehr verschieden ist; am meisten Beachtung verlangen Langhaarkatzen.

Wahl der Rasse:

Es gibt drei Hauptgruppen: Langhaar-, Kurzhaar- und Siamkatzen. Die Auswahl ist also groß, und die von den Züchtern festgelegten Rassenstandards variieren in den Ländern der Alten und Neuen Welt.

Langhaarkatzen, oft Perserkatzen genannt, sind ausgesprochen beliebt. Sie sind von aristokratischer Erscheinung, haben große runde Augen, kurze Nasen, kleine Ohren und ein langes, seidiges Fell, und sie sind, schlafend oder wach, höchst photogen.
Charakterlich und im Verhalten haben sie den Ruf, viel ruhiger als Siamkatzen zu sein, aber sie können sich auch sehr unterhaltsam zeigen, fast »gesprächig« sein, weil sie grundsätzlich antworten, sobald man sie anredet. Da sie einen sehr individualistischen Charakter haben, sind sie glücklich, wenn sie die einzige Katze im Haus sind. Sie zeigen ihre Zuneigung bereitwillig und lieben es, wenn man sich möglichst viel mit ihnen abgibt. Wie bei allen übrigen Rassen ist ihre Intelligenz recht unterschiedlich: Manche Perser sind sehr aufgeweckt und lernen mit Leichtigkeit einfache Kunststücke. Sie haben es gern, wenn man sie zur Kenntnis nimmt, und sind auch im Alter verspielt und lebendig.
Zu dieser Rasse zählen auch einfarbige: schwarze und weiße Perser, die vielleicht orangefarbene oder blaue Augen haben oder ein Auge in jeder Farbe. Es gibt rote und cremefarbene und – am beliebtesten – blaue Perser. Es gibt gestromte: silberfarbene mit schwarzer Musterung oder rotgestromte mit Markierungen in dunklerer Farbe als das Hauptfell. Eine beliebte Rasse sind auch die Chinchillas mit

ihrem langen weißen Fell, das eine feine, schwarze Spitzenfärbung hat; die Augen sind im Gegensatz zu den meisten Langhaarkatzen smaragdgrün oder blaugrün. Nur in einigen Ländern bekannt sind die Silberschattierten, die klare Färbungen und nicht nur schwarze Spitzenfärbung auf dem weißen Unterfell haben. Es gibt zwei Arten von Rauchpersern: schwarze und blaue, und wenn sie auch zu den frühesten Rassen gehören, die den Katzenliebhabern bekannt waren, sind sie noch immer verhältnismäßig selten; man muß ein junges Kätzchen lange Zeit im voraus bestellen. Als Katze der Kontraste bezeichnet man häufig den schwarzen Rauchperser, er ist höchst auffallend mit einem fast weißen Unterfell und schwarzem Deckfell. Aus der Ferne sieht die Katze vielleicht schwarz aus, und erst wenn sie sich bewegt, wird dieses glänzende Unterfell sichtbar. Bei den blauen Persern ist das Deckhaar blau.

Äußerst reizvoll sind die Schildpattperser und die Schildpatt-und-Weißen; das Fell der ersteren weist schwarze, rot und cremefarbige Flecken auf, während Schildpatt-und-Weiße außerdem noch weiße Stellen haben. Nur Weibchen dieser Züchtung werden geschlechtsreif, jedes männliche Junge wird unabänderlich unfruchtbar geboren. Bei den blaucremefarbigen Persern (auch hier werden nur die Weibchen fertil) sollte nach dem europäischen

Rassenstandard das blaue und cremige Fell sanft vermischt sein und den Eindruck von schillernder Seide vermitteln, während der amerikanische Standard verlangt, daß das Fell blau ist und cremefarbene Flecken hat. Zweifarbige Perser haben ein Fell in zwei Farben, jede reine Farbe mit Weiß ist zugelassen, wobei Schwarz und Weiß sowie Rot und Weiß besonders bezeichnend sind.
Die sehr auffällige Colourpoint (Himalaya-Katze) hat ein Fellmuster wie die Siamkatze, die Abzeichen – Gesicht, Ohren, Beine und Schwanz – sind also dunkler als der blaß cremefarbene Körper. Die Abzeichen können schwarzbraun (seal-point), braun-blau, schokoladenfarbig, frostfarbig (lilac-point), rot und schildpattfarben sein. Alle Rassen sollten indessen helle blaue Augen haben.
In den Vereinigten Staaten werden Cameo-Perser als Rasse anerkannt. Sie sind den Chinchillas ähnlich, haben eher rot- als schwarzgefärbte Haarspitzen, aber es gibt auch einen rotschattierten Cameo mit roten Haarspitzen, einen Rauch-Cameo mit roten Abzeichen und einen gestromten Cameo.
Alle angeführten Langhaarkatzen weisen annähernd gleiche Charakteristika auf: Sie haben einen breiten, runden Kopf, kleine Ohren, eine volle Krause, große runde Augen, einen stämmigen Körper auf kurzen Beinen und einen kurzen, vollen Schwanz.

Weitere Arten, die zu den Langhaarkatzen gezählt werden, sind die Birmakatze und die Türkische oder Ankara-Katze. Sie unterscheiden sich von den Persern im Typus dadurch, daß der Kopf nicht so rund, das Fell nicht so voll und der Schwanz länger ist. Birmakatzen haben ein besonderes Merkmal: Ihre Pfoten sind weiß, an den Vorderbeinen wie kleine Handschuhe, an den Hinterbeinen in eine Spitze auslaufend. Die Körperfarben sind blaß; und ähnlich den Colourpoints (Himalaya-Katzen) haben sie Abzeichen und helle blaue Augen.
Wie bereits erwähnt, sind die Türkischen Katzen den ursprünglichen Angorakatzen sehr ähnlich: der Kopf ein kurzes Dreieck mit großen Ohren, der Körper lang und der buschige Schwanz von mittlerer Länge. Das Fell ist kalkweiß mit braunen Abzeichen im Gesicht und braunen Ringen am Schwanz.
Aber man kennt auch Langhaarkatzen, die aus selektiver Zucht oder aus Kreuzungen hervorgegangen sind. Diese können jede mögliche Farbgebung aufweisen, da sie keiner anerkannten Norm unterliegen. Sämtliche Arten müssen täglich gekämmt und gebürstet werden, wenn das Fell nicht stumpf werden oder das Tier Haarbälle verschlukken soll.
Die Wahl einer Langhaarkatze ist somit weitgehend eine Frage des Geschmacks. Alle jungen Kätzchen

sind reizend und unterhaltsam, kleine, flauschige Energiebündel auf kurzen Beinen mit kleinen kurzen Schwänzchen, die steif in die Höhe stehen. Wenn sie richtig aufgezogen werden, sind sie in keiner Weise besonders empfindlich und brauchen auch keine Wärmezufuhr. Sie sind mutwillig, verspielt und liebenswert. Manche Menschen meinen, an den kurzen Nasen und großen Augen der Langhaarkatzen etwas Mißgelauntes zu erkennen, aber Langhaarkatzen sind von Natur aus überhaupt nicht aggressiv, sondern meist sehr sanft.

Die Englische Kurzhaarkatze hat den Ruf eines ausgeglichenen und unerschütterlichen Temperaments. Untersetzt und stämmig, auf kräftigen Beinen, hat sie einen runden breiten Kopf, volle Bakken, eine eher kurze Nase, kleine, runde Ohren, große, runde Augen und einen recht kurzen Schwanz. Das Fell ist kurz und voll und darf nie zu flauschig sein; es ist verhältnismäßig leicht zu pflegen und kann mit täglichem leichtem Bürsten und Kämmen in gutem Zustand gehalten werden. Farben und Fellmuster sind ziemlich die gleichen wie bei den Langhaarkatzen, von den weißen bis zu den rauchfarbenen Tieren, unter denen die blaue Kurzhaarkatze (British Blue) am beliebtesten ist. Auch getupfte Arten gibt es, bei denen die Flecken deutlich abgesetzt sind; Streifen sind nur am Kopf zugelassen.

In den Vereinigten Staaten gibt es die Amerikanischen Kurzhaarkatzen, die von den ersten Hauskatzen dort abstammen. Die Köpfe sind nicht so rund wie die der europäischen. Und es gibt auch die Exotische Kurzhaarkatze, beinahe eine Langhaarkatze mit mittellangem Fell. Beide Arten haben ähnliche Farben wie die Langhaarrassen.
Von allen übrigen Rassen unterscheidet sich die schwanzlose Manxkatze; sie hat überhaupt keinen Schwanz, und dort, wo der Schwanz ansetzen sollte, eine Eindellung. Auch Stumpys gibt es, mit Stummelschwänzen. Die Manxkatze hat ein doppeltes Fell, ein dichtes Unterfell und etwas längere Deckhaare. Fast jede Farbe ist zugelassen. Die schwanzlosen Katzen stehen auf erhöhter Hinterhand, so daß das lange Hinterteil den Tieren einen eigentümlich hüpfenden, an Kaninchen erinnernden Gang gibt.
Anscheinend ist die Vorstellung, ein Haustier zu besitzen, das wirklich ungewöhnlich ist, für viele Menschen reizvoll. Sollte jemand indessen erwägen, Manxkatzen zu züchten, wäre er gut beraten, sich zuvor mit Züchtern zu unterhalten, die bereits Erfahrung haben. Es hat sich nämlich herausgestellt, daß nach der Paarung von Manxkatzen bei den Nachkommen ein letaler (tödlicher) Faktor wirksam werden kann und die Jungen häufig kurz nach der Geburt sterben. Katzen mit Schwänzen

können, wenn man sie richtig paart, schwanzlose Katzen hervorbringen; man muß also die Stammbäume sorgfältig studieren. Das Entwöhnen der Jungen kann ebenfalls schwieriger sein als bei anderen Arten, denn die Einnahme von Milch muß sorgsam geregelt werden.

Eine ganze Anzahl von Rassen wird zusammengefaßt unter der Bezeichnung Europäisches Kurzhaar, obwohl sie keineswegs alle vom gleichen Typ sind. Es handelt sich meist um Ergebnisse langjähriger, selektiver Züchtungen.

Die Siamkatze mit ihrer auffallenden Farbgebung und Fellmusterung ist schon seit langem die beliebteste unter den Kurzhaarrassen. Sie ist mittelgroß mit langem, schlankem Körper auf zierlichen, schmalen Beinen mit ovalen Pfoten; der Schwanz ist lang und spitz zulaufend. Ihr Kopf ist lang mit einigem Abstand zwischen den Augen und verjüngt sich zu einer feinen keilförmigen Schnauze. Die großen aufgestellten Ohren sind an der Basis breit und die mandelförmigen Augen von klarem, leuchtendem Blau.

Die Körperfarbe variiert je nach der Spitzenfärbung; bei den Schwarzbraunen (Seal) ist sie cremefarben, bei den Blauen ein eisfarbenes Weiß, bei den Schokoladenfarbigen ist der Körper elfenbeinfarbig, und entsprechend variiert die Farbe am Körper bei den Frostfarbigen, den Roten, den Getigerten, den Schildpatt- und Cremegemusterten sowie bei allen übrigen möglichen Verdünnungen der Färbung.

Siamkatzen sind unruhig, lieben Gesellschaft und jede Gelegenheit, etwas zu unternehmen. Sie gewöhnen sich leicht an Leinen und an Reisen, denn sie begleiten ihre Besitzer gern überallhin.

Sie sind nicht immer laut, wenn auch ihr Schrei sich von dem anderer Katzen unterscheidet, und eine rufende Katzendame kann mit ihrem Gejammer zuweilen einen Höllenlärm veranstalten. Im Unterschied zu manchen anderen Rassen lieben sie die Gesellschaft von Artgenossen, vor allem wenn der Eigentümer die meiste Zeit des Tages nicht zu Hause ist. Sie sind hochintelligente Katzenpersönlichkeiten und sehr entschieden in ihren Vorlieben und Abneigungen. Man muß sie schon von klein an erziehen, denn die Jungen können sehr flink sein und, wenn man nicht aufpaßt, leicht an Vorhängen und Möbeln hochklettern und ziemlich viel Unheil stiften.

Die Jungen werden weiß geboren, die Spitzenfärbung bildet sich erst allmählich während des Wachstums heraus, meist im Verlauf der zweiten und dritten Woche. Die Kätzchen sind lebhaft und neugierig und im Vergleich zu vielen anderen Rassen recht frühreif, und wenn man sie nicht überwacht, sind sie sehr schnell aus ihrer Wurfkiste herausgekrabbelt und auf und davon.

In den Vereinigten Staaten gibt es noch die Balikatze (Balinese): in Typ und Färbung der Siamkatze ähnlich, doch mit einem längeren, sehr feinen und seidigen Fell. Eine weitere Rasse ist die Bombaykatze; sie hat ein feines, schwarzes Fell, einen runden Kopf, mittelgroße Ohren, einen mittelgroßen Körper und einen geraden, mittellangen Schwanz. Beide Arten haben den Ruf, sehr reizvolle und liebenswürdige Hausgenossen zu sein. Auch die japanische Stummelschwanzkatze, eine ganz gewöhnliche Art, hat in den Vereinigten Staaten Fuß gefaßt; ihr Schwanz ist nur ungefähr 10 cm lang und wirkt mit seinen dichten Haaren, die etwas länger und dicker sind als das Körperfell, wie ein Büschel. Das mittellange, weiche, seidige Fell kann weiß, schwarz, rot, schwarzweiß und rotweiß sein oder die traditionelle Mi-ke-Färbung Schwarz, Rot und Weiß aufweisen. Die Kopfform ist fast dreieckig, während die Augenstellung etwas ausgesprochen Japanisches hat. Sie ist erst vor verhältnismäßig kurzer Zeit in die Vereinigten Staaten eingeführt worden und in anderen Ländern nicht bekannt.
Ein stämmiges, muskulöses Tier mit schwerem, zottigem Fell, das praktisch jede Farbe haben kann, ist die bereits erwähnte Maine-Coon-Katze. Der Kopf ist mittelbreit und mittellang mit großen, weit auseinanderstehenden Augen, der Schwanz ist lang und spitz zulaufend, von langem, wallendem Fell

bedeckt. Seit Generationen sind Maine-Coon-Katzen als Haustiere sehr geschätzt. Sie sind liebevoll, und wenn sie auch zuweilen etwas hochmütig aussehen, entspricht das doch keineswegs ihrem Charakter, denn die meisten sind ausgesprochen freundlich und schätzen Beachtung und Aufmerksamkeit.

Russisch-Blaue Katzen wirken fremdländisch; der Kopf fällt auf durch den flachen, engen Schädel mit zurücktretender Stirn und grünen Mandelaugen. Die Ohren sind spitz und groß, weit im Ansatz und mit wenig Fell bedeckt. Das kurze, dicht anliegende Fell hat einen wunderschönen Glanz, der Schwanz ist lang und spitz zulaufend, und die Beine sind hoch und schlank auf zierlichen, ovalen Pfoten. Russisch-Blaue sind sehr ruhig im Temperament und leben auch in Wohnungen zufrieden, denn sie schließen sich an ihre Besitzer besonders eng an, ohne daß sie ständig Beachtung fordern. Obwohl sie von Natur aus äußerst beweglich sind, neigen sie nicht dazu, überall im Haus herumzuklettern oder die Möbel zu zerkratzen. Mit Kindern kommen sie meist gut aus. Wie viele der europäischen Rassen lernen sie leicht, an der Leine zu gehen und im Auto zu reisen.

Abessinierkatzen haben ein ungewöhnliches, dunkelgebändertes Fell; jedes Haar zeigt zwei oder drei dunklere Streifen. Die ursprünglichen Abessinierkatzen haben ein rötlichbraunes Fell, aber es gibt sie auch in Rot mit üppigem, kupferrotem Fell oder jetzt in Blau, Cremefarbe und anderen Farbschlägen, die allerdings alle die dunkleren Bänder haben müssen. Die Köpfe sind lang, jedoch nicht so keilförmig wie bei den Siamkatzen; die Körper sind schlank und die Schwänze ziemlich lang und spitz zulaufend. Weiße Stellen sind Fehler; ein weißes Kinn ist zwar unerwünscht, aber dennoch zugelassen. Abessinierkatzen haben viel Charme und sind ideale Hausgenossen, da sie Gesellschaft lieben und manchmal fast übertrieben freundlich sind. Sie halten sich ungern in einem engen Raum auf und laufen dann auf und ab wie Löwen. Man kann sie leicht an die Leine gewöhnen, und meist reisen sie auch gern im Wagen.

Von ganz ähnlichem Typ wie Siamkatzen sind die Havanakatzen (Chestnut Brown Foreign) mit ihren langen Köpfen, großen, aufgestellten Ohren, graziösen, geschmeidigen Körpern auf zierlichen Beinen und mit langen peitschenartigen Schwänzen. Die orientalischen Augen sind grün. Ein besonderer Zug sind die rosa Sohlenballen der Pfoten. Es sind sehr sanfte und intelligente Katzen und sehr verspielt, aber an sich ruhige Tiere, die ideale Hausgenossen abgeben.

Weiße und frostfarbige europäische und orientalische Kurzhaarkatzen, die es in mannigfaltigen Far-

ben gibt, sind ähnlich gebaut wie die Havanakatzen. Ihr Fell sollte kurz, fein und glänzend sein.
Die aus den Vereinigten Staaten in den vierziger Jahren nach Europa eingeführten Burmakatzen haben zahlenmäßig sowie an Farben und Beliebtheit derart zugenommen, daß sie heute fast so beliebt sind wie Siamkatzen. Der Kopf sollte die Form eines kurzen Keils haben, oben leicht gerundet; der Schwanz sollte lang und zulaufend, aber nicht zu peitschenartig sein; die Mandelaugen sind chartreusefarben; und das enganliegende Fell ist kurz und glänzend. In den Vereinigten Staaten werden nur die Braunen anerkannt, in England hingegen hat man eine Auswahl in vielen Farben, vom ursprünglichen Braun bis zu den Blauen mit bläulichgrauem Fell, den Schokoladenfarbenen, den Frost-und-Rotfarbigen, den braunen, schokoladenfarbigen, creme-und-frostfarbigen Schildpatt-Typen. Alle sind ähnlich gebaut und unterscheiden sich lediglich in der Farbe.
Burmakatzen sind ausgeprägte Persönlichkeiten, liebevoll und intelligent. Sie gewöhnen sich schnell an Leinen und an Reisen im Auto und möchten ihre Besitzer überall hin begleiten. Ihr kurzes, glänzendes Fell braucht verhältnismäßig wenig Pflege, sie haben es aber sehr gern, wenn man mit der Hand fest über ihr Fell streicht, was auch dessen Glanz erhöht.

Koratkatzen haben ein einfarbig schieferblaues, enganliegendes Fell mit silbrigem Schimmer. Orientalisches Kurzhaar vom Typ her, haben sie kleine Köpfe mit herzförmigem Gesicht und großen Ohren. Die Körper sind mittelgroß, muskulös, die Schwänze mittellang. Es sind ebenfalls liebevolle Katzen, die gern beachtet werden möchten. Ihr Fell wird durch Streicheln zum Glänzen gebracht.
Auch die Devon und Cornish Rex gehören zu den Orientalischen Kurzhaarrassen, obwohl sich ihr kurzes Fell von dem anderer Arten dieses Typs darin unterscheidet, daß es lockig, wellig und ohne Grannen ist. Als man die erste Katze dieser Art mit dem gelockten Fell in Cornwall entdeckte, erkannte man, daß es sich um eine neue Mutation handelte. Die Rückkreuzung zur Mutter ergab Junge, die kurzhaarig waren, und es gelang, diese Art planmäßig zu züchten. Später fand sich eine ähnliche Katze in Devon, woraufhin man hoffte, die beiden Arten miteinander kreuzen zu können. Aber das war nicht der Fall. Deshalb sind jetzt beide Arten anerkannt und werden nach ihrer jeweiligen geographischen Herkunft benannt.
Das Fell des Cornish Rex sollte kurz, dick und plüschig sein, ohne Grannen; der Kopf sollte eine gemäßigte Keilform mit flachem Schädel, gerader Nase, großen Ohren und ovalgeformten Augen aufweisen. Der mittelgroße Körper steht fest und

muskulös auf langen, geraden Beinen, und der Schwanz muß dünn und spitz zulaufend sein. Devonkatzen sind ähnlich, aber ihre Nasen müssen einen ausgeprägten Stop aufweisen, die Schnauzen sollen kurz sein und Schnurrhaare haben. Auch die Ohren sitzen anders auf den keilförmigen Köpfen. Das Fell des Devon Rex ist sehr kurz und fein, gewellt und weich, ohne Grannen. Sämtliche Farben sind zugelassen, jedoch gelten weiße Abzeichen – außer bei den Schildpatt-und-Weißen – bei der Devonkatze als Fehler, während sie bei Cornish Rex gestattet sind, vorausgesetzt, sie sind symmetrisch. Kurzhaarkatzen sind am leichtesten zu pflegen, ein Streicheln mit der Hand genügt, um das Fell weich und glänzend zu erhalten. Sie haben einen angenehmen Charakter, sind freundlich und liebevoll und müssen zur Familie gehören, wenn sie sich wohlfühlen sollen. Sie sind ruhig von Natur, jedoch auch spielerisch, und lieben es, beachtet zu werden.

Dies wären in aller Kürze die wichtigsten Angaben zu den verschiedenen Rassen, Farben und Merkmalen der heutigen Zuchtkatzen. Unweigerlich werden im Laufe der Jahre weitere Farben und Fellmuster herausgezüchtet werden, aber die unabhängige Natur und die liebenswerte Persönlichkeit der einzelnen Katze wird bleiben, und diejenige, die einem selbst gehört, wird stets die beste Katze der Welt sein.

Die kluge Katze

Intelligenz ist außerordentlich schwer zu definieren; jedenfalls gehört dazu das Begreifen von Situationen und die Fähigkeit, unter verschiedenen möglichen Verhaltensmustern eine Wahl zu treffen. Daß die Katze über eine hohe Intelligenz verfügt, ist jedem klar, der einmal mit einem dieser Geschöpfe gelebt hat; die Neugier, die ja bei Katzen ganz besonders ausgeprägt ist, gilt schließlich auch bei anderen Tieren als Zeichen für Intelligenz.

Verhaltensforscher haben viele Tiere auf ihre Intelligenz hin getestet. Doch sind Katzen nur mühsam zu einer Mitarbeit zu bewegen und lassen sich nur schwer von Belohnungsmethoden beeinflussen, die sonst bei derartigen Tests angewendet werden. Oft werden Katzen in Laboratorien eingesetzt, wenn bestimmte Gebiete des Gehirns experimentell untersucht werden sollen; dabei werden an Hirnteilen oder Nerven Elektroden angebracht, um die Ner-

ventätigkeit elektrisch messen zu können.
Geschichten von Katzen, die über große Entfernungen von unbekannten und nie zuvor gesehenen Gegenden zu ihren früheren Häusern zurückkehren, sind erstaunlich und zeigen einen hohen Intelligenzgrad an. Die Richtung wird dabei möglicherweise instinktiv erfaßt, aber auf Intelligenz kann man schließen, wenn man bedenkt, welche Anstrengungen erforderlich sind, um eine solche Wanderung durchzustehen. Das Tier muß auf unbekanntem Gelände Futter und geeignete Ruheplätze finden und außerdem vermeiden, die Aufmerksamkeit von Menschen auf sich zu ziehen; vor allem jedoch kommt es dabei auf die Entschlossenheit an, solange durchzuhalten und weiterzulaufen, bis das Ziel erreicht ist.
Katzen können Fensterriegel öffnen lernen oder Türen, indem sie in genau dem richtigen Winkel auf die Klinken springen. Sie bekommen sogar die Tür eines Eisschranks auf und wissen ganz genau, wann eine Platte auf dem Herd genügend abgekühlt ist, um sich draufsetzen zu können, ohne sich zu verbrennen. Sie wissen ebenso genau, um welche Zeit der Herr oder die Herrin des Hauses nach Hause kommen sollten, und erheben und strecken sich dann, um sich zur Tür zu begeben und dort zu warten. Dagegen machen sie sonntags keinerlei Anstrengungen, überhaupt aufzuwachen! Ihre Ge-

duld ist geradezu unerschöpflich, was jeder bestätigen kann, der versucht hat, eine vor einem Mauseloch lauernde Katze zu beobachten. Außerdem sind Katzen Meister im Verstecken; versuchen Sie es doch einmal, eine Katze, die der Ansicht ist, es sei noch zu früh, nach Hause zu gehen, im Garten zu finden!

Woher wissen Katzen, bevor man die Koffer vom Boden holt, daß man vorhat, in Ferien zu fahren? Tierheime bekommen Jahr für Jahr zu Ferienzeiten Anrufe etwa folgenden Wortlauts: »Wir können unseren Timmy einfach nirgends finden, er scheint verschwunden zu sein!« Katzen merken natürlich ebenso, bevor noch der Tragkorb in Sicht ist, wann man sie zum Tierarzt bringen will.

Hauskatzen lernen, mit Menschen, die ein hohes Maß an Intelligenz schätzen, in Harmonie zu leben. Die meisten Katzen, denen es nicht erlaubt ist, über den Eßtisch oder die Arbeitsflächen in der Küche zu spazieren, tun das nur, wenn ihre Leute gerade nicht da sind. Nie sieht man, wie eine Katze Sahne, Butter, Wurst oder eine Soße stiehlt; sie liegt in ihrem Korb, wenn man den Raum verläßt, und sie liegt dort, wenn man zurückkehrt, nur sind die guten Dinge auf geheimnisvolle Weise verschwunden, und kleine, fettige Pfotenabdrücke zieren den Küchentisch.

Manche Katzen sind derart eigen in ihren Gewohnheiten, daß sie es lernen, die Toilette ihrer Besitzer zu benutzen. So wurde das jüngste Kind einer Familie einmal dafür bestraft, daß es in der Toilette nicht gezogen und kein Toilettenpapier benutzt hatte. Es beteuerte lebhaft seine Unschuld. Schließlich entdeckte man eines Morgens den kastrierten Siamkater, wie er mit einem Ausdruck ungeheurer Konzentration auf dem Toilettensitz balancierte. Immer wenn die Tür nicht geschlossen war, ging er lieber auf die Toilette statt in seine Kiste.

Katzen, die daran gewöhnt sind, ihre Geschäfte draußen zu verrichten, behelfen sich, wenn man sie zu lange im Haus eingeschlossen hat, auch häufig mit dem Abfluß eines ihnen erreichbaren Waschbeckens. Offensichtlich sind sie zu der Erkenntnis gekommen, daß dies momentan der beste Ersatz für »draußen« ist. Eine Katze haßte es, ihre Geschäfte drinnen zu erledigen, und wartete lieber stundenlang, als daß sie die für diesen Zweck bereitgestellte Kiste benutzt hätte. Wenn sie dann doch unbedingt mußte, ließ sie sich unter lautem Protest nieder, sprang sofort wieder aus der Kiste und schoß in halsbrecherischem Tempo in die entfernteste Ecke des Hauses, wo sie dann weiter vor sich hin schimpfte.

Man weiß von Katzen, daß sie Vögeln eine Falle stellen, indem sie Essensreste mitnehmen und diese in die Nähe eines für sie selber günstigen Verstecks legen. Nähert sich ein argloser Vogel dem Köder, so schnellt die Katze hervor und stürzt sich auf die Beute. Auch auf andere kleine Tiere wie Eichhörnchen können Katzen geduldig warten, wenn sie wissen, daß diese regelmäßig in einem Kornspeicher oder einer Scheune zum Futterholen erscheinen. Regungslos liegt die Katze dann stundenlang da; nur das letzte Ende des Schwanzes zuckt zuweilen vor Erregung, während die Augen sich zu schmalen Schlitzen verengen. Aufgrund dieser endlosen Geduld ist die Katze auf jedem Bauernhof ein idealer Schädlingsbekämpfer: auch heute noch.

Die hohe Intelligenz dieser Geschöpfe ist auch experimentell bewiesen worden, und zwar vorwiegend mit Problemboxen, Kisten die mit verschiedenen Schwierigkeitsgraden für das Öffnen der Türen von innen ausgerüstet sind. Man setzt die Katzen hinein und läßt sie ausprobieren, wie sie wieder in die Freiheit gelangen. Selbst ziemlich komplizierte Haken-und-Riegel-Verschlüsse sind von Katzen rasch bewältigt worden und haben ihnen den Ausweg ermöglicht. Wenn man eine Katze dann noch einmal in eine Kiste setzt, in der sie zuvor eine Weile gebraucht hat, um den Fluchtweg zu erfassen, ist sie erstaunlich schnell in der Lage, die zuvor gemachte Erfahrung zu verwerten und rasch wieder hinauszukommen.

Hundeliebhaber äußern sich häufig recht herablassend über den Mangel an Intelligenz bei Katzen und begründen das damit, daß es schwer sei, Katzen zu dressieren, daß sie nicht kämen, wenn man sie rufe, und daß sie keine Kunststücke auf Befehl vollführten. Aber ist es wirklich ein Zeichen von Intelligenz, Kunststücke auszuführen? Ist es ein Mangel an Intelligenz, einen Befehl seines Herrn zu ignorieren? Oder handelt es sich nicht vielmehr darum, daß die Katze von einem »Vorgesetzten« unabhängig ist und es vorzieht, genau das zu tun, was sie will und wann sie es will?

Der Intelligenzquotient unserer Katzen

Die von dem französischen Psychologen Alfred Binet (1857–1911) ausgearbeiteten Intelligenztests waren zunächst dazu bestimmt, herauszufinden, ob Kinder für die Schule reif sind. Eine Skala von Einzelheiten wurde aufgestellt, an der man das Intelligenzalter (IA) ablesen konnte. Man setzte es mit dem Lebensalter (LA) in Beziehung und multiplizierte mit 100, damit der Bruch entfiel. Das Ergebnis war der Intelligenzquotient (IQ).

$$IQ = 100 \times \frac{IA}{LA}$$

Demnach ist der IQ = 100, wenn das IA = LA ist. Wenn das IA unter dem LA liegt, wird der sich daraus ergebende IQ weniger als 100 sein und auf eine gewisse Beschränktheit hinweisen, während ein IA, das höher liegt als das LA, Intelligenz anzeigt. Dieser Test eignete sich freilich nur für Kinder zwischen sechs und fünfzehn Jahren. Später dachte man sich dann verfeinerte Methoden für Erwachsene aus, wobei man nun von Tabellen ausging, die jedem Alter einen durchschnittlichen IQ von 100 zuwiesen und eine normale Abweichung von 16 ins Kalkül zogen. Diese moderne Testwertung, die dem Alter der Versuchspersonen angepaßt ist, ist gar kein Quotient mehr; man hat den Ausdruck IQ nur gewohnheitsmäßig beibehalten.

Bei Intelligenztests mit Menschen werden Faktoren erforscht, die man Primärfähigkeiten nennt: Sprachbeherrschung, Geschick in der Wortfindung, Leichtigkeit im Umgang mit Zahlen (einfache arithmetische Aufgaben), Raumvorstellung (Zeichnungen aus dem Gedächtnis), Wahrnehmungsschnelligkeit (Erfassen von visuellen Einzelheiten dargestellter Gegenstände), assoziatives Gedächtnis (Erinnerung an zusammengehörige Dinge) und schlußfolgerndes Denken (Vervollständigung einer Reihe, von der nur ein kleiner Teil vorgeführt wird). Daß keinerlei Möglichkeit besteht, auch nur einen Teil dieser sieben Faktoren bei der Hauskatze anzuwenden, dürfte einleuchten.

Wie können wir dann aber die Begabung und Fähigkeiten unserer Katze prüfen? Ihr Vokabular, ihre arithmetischen Fähigkeiten können wir schwerlich heranziehen: Katzen können weder zeichnen noch schreiben; wir können nicht erwarten, zwei zusammengehörige Substantive oder irgendeines der übrigen Ergebnisse gewöhnlicher Intelligenztests von ihnen zu bekommen. Um den IQ der Katze zu bewerten, müßten wir also zunächst eine für sie speziell zugeschnittene Verhaltens- und Intelligenznorm entwickeln. Das könnte nur geschehen, indem man möglichst viele nach dem Zufallsprinzip ausgewählte Katzen, also jeden Typs, Alters und Geschlechts – männlich, weiblich, kastriert – studiert. Bestimmte Verhaltensmuster und Reaktionen könnten dann tabellarisiert und analysiert werden, und zum Schluß erhielte man eine Tabelle des durchschnittlichen, gewöhnlichen Verhaltens und Intelligenzniveaus. Um den IQ der eigenen Katze herauszufinden, scheint der einfachste Weg, sich eine so erstellte allgemeine Norm für den IQ von Katzen zu beschaffen und mit der Katze ein paar einfache Tests durchzuführen und ihre Übereinstimmung mit oder ihr Abweichen von dieser Norm abzulesen.

Die Tests müssen so angelegt sein, daß die Verhaltensreaktionen bestimmte geleistete Denkprozesse erkennen lassen. Außerdem müssen wir den Antwortmechanismus der Katze in allen Einzelheiten erforschen: Beispielsweise zeigen sich im Ausdruck der Augen, in der Erweiterung oder Verengung der Pupillen verschiedene Gefühle und Reak-

tionen; auch das Zucken von Schnurrhaaren und Schwanz, die Stellung und Bewegung der Ohren, ein Miauen und Knurren und das Aufrichten von Körper- und Schwanzhaaren sind deutliche Indizien für die Reaktion auf Reize.
Sehr einfach kann man das Gedächtnis testen: Man zeige der hungrigen Katze zum Beispiel ihr Lieblingsfutter in einer auffälligen Schüssel und stelle diese, während die Katze zusieht, aber festgehalten wird, auf ein Bord oder an irgendeinen anderen erreichbaren, ungewöhnlichen Platz. Dann nehme man das Tier nach draußen und interessiere es eine Weile für irgend etwas anderes, das es gern mag. Was tut die Katze, wenn man sie in das Zimmer zurückbringt? Erinnert sie sich daran, wohin man das Futter gestellt hat, und steuert sie geradenwegs darauf zu? Oder geht sie an den üblichen Ort, schnuppert herum und findet es schließlich aufgrund des Geruchs? Ist es, wenn die Katze direkt zum Futter geht, wirklich ein Beweis für ihr Gedächtnis, oder hat sie nur eine besonders gut entwickelte Nase? Um den Geruchssinn bei diesem Versuch auszuschalten, müßte man die Nasenlöcher der Katze zustopfen, und dann wäre sie vermutlich derart irritiert, daß sie sich sowieso nicht mehr für das Futter interessierte.
Einen weiteren Versuch kann man mit einem Lieblingsspielzeug durchführen. Nachdem man aufre-

gende Wurfspiele mit ihrer in Katzenminze getränkten Spielmaus veranstaltet hat, halte man die Katze fest und verstecke die Maus vor ihren Augen hinter einem Kissen oder unter einer Decke. Wieder nehme man sie aus dem Raum und lenke sie eine Weile mit anderen Dingen ab; danach läßt man sie zurück, um zu sehen, ob sie sich das Spielzeug sofort holt. Nur: beweist es wirklich eine besondere Intelligenz, wenn sie das tut, oder hat sie nur einfach ein gutes Gedächtnis?

Von den glücklichen Besitzern mehrerer Katzen wird häufig der folgende Test durchgeführt. Wenn alle Katzen friedlich in einem Zimmer beisammen sind, werden die Namen nacheinander sanft gerufen; jede Katze sollte dann reagieren, wenn ihr Name fällt. Aber dieser Test ist insofern fragwürdig, als man selbst der dümmsten Katze beibringen kann, wie sie heißt.

Bei einem weiteren Experiment, das ebenfalls leicht zu Hause durchzuführen ist, setzt man die Katze in ein Zimmer mit einer schweren Tür, die sie von ihrem Besitzer trennt. Sodann imitiert man die Geräusche der Essenszeit und ruft die Katze. Eine dumme Katze wird sich gegen die Tür stemmen und, wenn das erfolglos ist, aufgeregt hin und her laufen und nach einem anderen Weg aus dem Zimmer suchen. Die intelligente Katze wird ebenfalls zunächst unten gegen die Tür drücken, sich aber, wenn die Tür nicht aufgeht, aufrichten und etwas weiter oben drücken. Die superkluge, intelligente Katze wird zurücktreten, einen Anlauf nehmen oder gar an der Klinke herumhantieren.

Tatsächlich aber müßte man ein allgemeines, umfassendes Verhaltensstudium durchführen, um die Intelligenz einer Katze wirklich einschätzen zu können. Die Anwendung von einzelnen Tests genügt nicht. Auch bei Menschen messen IQ-Tests nicht die Beharrlichkeit, und eine beharrliche Katze kann beispielsweise bei einem Test zur Erreichung des Futters Erfolg haben, während eine intelligentere es längst aufgegeben hat, nach einer anderen Methode zu suchen. Tests, welche die Fähigkeit zu entkommen prüfen sollen, sind auch nicht unbedingt Intelligenztests, denn in einer solchen Situation kann die Angst als Motivation eine große Rolle spielen, und eine besonders ängstliche Katze hat dann vielleicht größere Chancen, aus einer Problembox oder einem Labyrinth zu entkommen, als eine gelassene.

Freilich können Übung und Anleitung die Testergebnisse auch im Laboratorium verfälschen. Daher kann eine dumme Katze, die viel Zeit gehabt hat, eine Aufgabe zu lernen, selbst wenn es sich um eine ziemlich komplizierte handelt, unter Umständen besser abschneiden als eine hochintelligente, die sich zum erstenmal an der Aufgabe versucht. Die

Vereinheitlichung der Kriterien ist daher bei der Planung von IQ-Tests äußerst wichtig.
Vielleicht ist die eigene Katze nichts weiter als einfach eine Durchschnitts-Katze. Sie gehört zur Familie, ist kastriert und bei guter Gesundheit. Sie kommt und geht, wie es ihr gefällt, kennt die Essenszeiten und sitzt erwartungsvoll zur richtigen Zeit unter dem Dosenöffner an der Wand, »tretelt« mit den Vorderpfoten oder reibt Kopf und Körper an unseren Beinen oder an den Möbeln. Sie weigert sich, irgendwelche Kunststücke zu lernen, und wenn man versucht, sie dazu anzuleiten oder sie in lächerliche Situationen zu bringen, erreicht man lediglich ein leises Knurren und einen gestelzten Abgang vom Schauplatz des Geschehens, wobei der Schwanz leicht hin und her schwingt. Bringt man sie in einem Katzenheim unter, dann begibt sie sich erst einmal für zwei bis drei Tage in den Hungerstreik und schmollt ein wenig, wenn wir sie wieder nach Hause holen. Darf sie im Garten herumstrolchen, wird sie gelegentlich Vögel, gefallene Blätter oder Gräser, die sich bewegen, beschleichen. Sie liegt gern in der Wärme, abends auf dem besten Sessel und schnurrt, wenn man sie streichelt. Sie ist nichts als eine normale, zufriedene, intelligente Katze – was kümmert es uns, wie sie bei einem IQ-Test abschneidet?
Aber vielleicht ist unsere Katze nicht nur eine

gewöhnliche Katze und ihr Stammbaum nicht nur eine Liste sämtlicher Ahnen, sondern das Ergebnis sorgfältiger Züchtung nach einem Gesamtbewertungssystem, anhand dessen der bemühte Züchter die Zuchtmasse nicht nur dem Aussehen nach, sondern nach anderen wichtigen Eigenschaften wie Umgänglichkeit und hochgradig intelligentem Verhalten etc. selektioniert hat. Eine solche Katze braucht keinen IQ-Test, um zu beweisen, daß sie über besondere Qualitäten verfügt. Sie wird imstande sein, die Klinken von Türen zu öffnen, und sehr bald heraushaben, wieviel Körperschwung notwendig ist, um die Tür aufzumachen, wenn sie einmal aufgeklinkt ist. Sie sitzt auf unserem Schoß, wenn wir uns ausruhen, und verschwindet, wenn wir erregt sind, und sie wird uns gelassen vom Teppich aus beobachten, wenn wir schwermütig sind. Sie kennt alle Orte, an denen es sich am bequemsten schläft – auf dem Fernseher, wenn er läuft, im Wäscheschrank und auf unserem Bett, nachdem wir es gerade verlassen haben. Sie kennt die Tage, an denen geräuschvolle Besucher kommen, und versteckt sich, wenn die Müllabfuhr naht. Sie faucht die Hunde im Garten an und gibt sonderbar tremolierende Laute an die Adresse der Vögel von sich, macht sich jedoch nicht die Mühe, sie zu jagen. Und sie hat uns fest unter ihrem Pantoffel beziehungsweise ihrer Pfote.

Eine dumme Katze sitzt im Regen und heult vor der Hintertür, um eingelassen zu werden, und wenn wir sie nicht hören, wird sie weiter dort sitzenbleiben und weiterheulen, bis sie gänzlich durchnäßt ist. Eine intelligente Katze wandert um das Haus herum, um festzustellen, in welchem Zimmer man sich aufhält, und dann auf oder unter dessen Fensterbrett zu miauen. Katzen mögen es gar nicht, wenn man sie irgendwo in Pension gibt, und brauchen im Katzenheim besondere Pflege mit viel Beachtung und Zuwendung. Ganz besonders intelligente Katzen verschwinden spurlos, sobald Koffer auftauchen und das Packen beginnt.
Dumme Katzen bleiben mit den Köpfen in Dosen stecken, intelligente benutzen die Pfoten, um sich Futter aus engen Behältern herauszuholen. Dumme Katzen kommen weder von Bäumen wieder herunter noch aus Kaninchenlöchern heraus, intelligente geraten dabei ebenfalls in Bedrängnis, befreien sich aber selber aus schwierigen Situationen, wenn sie feststellen, daß sich niemand um ihr Gejammer kümmert. Werden dumme Katzen öfter überfahren als intelligente? Wer will das beurteilen? Vielleicht gucken die intelligenteren erst nach links, dann nach rechts und dann wieder nach links. Aber Statistiken darüber existieren nicht.
Für Forschungszwecke werden Katzen mit genetisch ähnlichem Hintergrund gesondert gezüchtet.

Sie werden in ähnlicher Umgebung aufgezogen und auf ähnliche Weise behandelt. So werden alle möglichen Variablen ausgeschlossen, bevor man mit den Tests beginnt und verschiedene Reaktionen bzw. die Hirntätigkeit untersucht. Die Herkunft gewöhnlicher Katzen ist vielfältig, und sie sind auf hundertfach verschiedene Weise aufgezogen worden, so daß viel zu viel Variablen vorhanden wären, um wirklich ernstzunehmende Ergebnisse aus Intelligenztests zu erhalten.
Wenn wir also die eigene Katze studiert und so gut wie möglich im Verhältnis zur besten Norm eingestuft haben, die man bezüglich der erwarteten Verhaltensreaktionen aufstellen konnte, dann könnte man dieser Norm eine willkürliche Wertung von, sagen wir, 100 geben und die eigene Katze entsprechend etwas darunter oder darüber einstufen. Wenn sie bei den Tests eher schlecht abschneidet, wenn es sie nicht interessiert, Türen zu öffnen, wenn sie auf Rufen nicht reagiert, unsere Stimmungen ignoriert und vielleicht sogar manchmal auf dem Teppich ihre guten Manieren vergißt, dann bedeutet das keineswegs, daß sie nur eine Wertung von 80 oder weniger verdient. Es könnte durchaus bedeuten, daß sie die Tests mit uns selber durchgeführt hat und daß ihr eigener IQ in Wirklichkeit bei 120 und mehr liegt!

Die Katze als Organismus

Die Katze ist ein Organismus aus Fleisch und Blut, ein Säugetier, das anderen Organismen, also auch dem Menschen, durch seine Entwicklungsgeschichte eng verwandt ist. Gewohnheiten und Aktionen werden vom Gehirn und vom Nervensystem gesteuert. Will man Verhaltensmuster studieren – oder hofft man, die Katze auf diese Weise besser verstehen zu können –, muß man zunächst über ihr Nervensystem und die damit zusammenhängenden Strukturen der Sinnesorgane, der Muskeln und Drüsen Bescheid wissen.

Betrachtet man die physiologischen Vorgänge, insbesondere die Hirntätigkeit, so sind am klarsten zu erfassen: die sinnliche Wahrnehmung sowie das regelnde und den Bedürfnissen dienende triebhafte Instinktverhalten, eingeschlossen Essen, Schlafen, Kämpfen, Flüchten und Paarung.

Sagt man »Organismus«, dann bedeutet das, daß die Katze eine geordnete lebende Struktureinheit ist, in der die Zellen zu funktionellen Organen und Organsystemen angeordnet sind. Um ihr Verhalten zu begreifen, muß man wissen, wie diese Organe und Systeme arbeiten. Willensakte werden ganz natürlich, unter Beihilfe unwillkürlicher Reflexe ausgeführt; Gefühle werden geweckt und nach festen Verhaltensmustern abreagiert; das Tier erhält und verarbeitet Informationen; und obwohl das Gehirn die Sinneseindrücke empfängt, ist es der Körper, welcher dieser geistigen Tätigkeit Ausdruck verleiht. Deshalb wollen wir mit einer Betrachtung des Körpers der Katze anfangen.

Muskeln und Skelett sind die mechanischen Bestandteile der Katze. Der Körper funktioniert vor allem aufgrund der Art und Weise, in der er wie eine Maschine um ein bewegliches Gerüst aus starren Einzelknochen konstruiert ist. Die Art der Konstruktion ermöglicht es der Katze, das Gleichgewicht zu halten, bei der Fortbewegung verschiedene Geschwindigkeiten einzuschlagen, über mannigfache Ausdrucksvariationen in Gesicht und Körper sowie über ein begrenztes Vokabular zu verfügen.

Das Skelett ist von Muskeln umgeben. Wenn sie sich zusammenziehen, wird in einem oder mehreren Gliedern Bewegung ausgelöst und in Springen, Laufen und Rennen umgesetzt. Die Muskeln können aber auch angespannt und bewegungslos sein, wodurch das Tier in einem wachsamen, aber äußerlich ruhigen Zustand gehalten wird. Diese Art von Muskelkontraktion nennt man Muskeltonus. Bei gesunden Katzen, die viel Bewegungsmöglichkeiten haben, wird er sehr hoch sein, während er bei fetten, schwachen oder teilnahmslosen Katzen niedrig ist. Ist der Muskeltonus zu sehr reduziert, dann kann das Tier sterben. Manchmal kann der Muskeltonus allerdings auch zu hoch sein und einen spastischen Zustand auslösen, der ein reibungsloses, geschmeidiges Funktionieren der Muskeln unmöglich macht.

Durch die natürlichen Reflexe wird der Muskeltonus automatisch reguliert. Aber Katzen erhöhen ihn auch willkürlich, wenn sie sich nach einem Schläfchen am Kamin recken und strecken. Befinden sich die Tiere in einem sehr erregten Zustand – bei einer Katzenschau oder in einem Katzenheim –, dann können sie ihre Muskeln über längere Zeit in Spannung halten, was Müdigkeit und einen nur geringen Widerstand gegen Infektionen zur Folge hat. Während solcher Zeiten können durchaus Verhaltensstörungen auftreten, die dazu führen, daß sonst freundliche Katzen plötzlich beißen und kratzen. Überdies kommt es durch die Verminderung des Widerstands gegen Infektionen, vielfach im Anschluß an Ausstellungen oder eine Ferienunterbringung im Katzenheim, dann leicht zu Viruserkrankungen.

Willkürlich erhöhte Muskelspannung entsteht, sobald die Spannung von gegenläufigen, paarweise angeordneten Muskeln erhöht wird. Das Zusammenziehen dagegen nur des einen Muskels des Paars hat zur Folge, daß der andere sich streckt. Bei Katzen ist der Bizeps ein Beugemuskel, der das Bein zur Ausführung eines Schrittes nach vorn und hoch zieht, während der Trizeps ein Streckmuskel ist, der dem Bizeps entgegenwirkt, das Bein wieder geradezieht und das Tier somit vorwärtstreibt. Auf diesem Prinzip beruht fast die gesamte Muskeltätigkeit: Zieht sich ein Muskel zusammen, entspannt sich sein »Gegenspieler«.

Diese Reflex-Nervenfunktion ist immer dann mitbeteiligt, wenn die Katze ihre Muskeln unwillkürlich bewegt – im Garten spazierengeht, morgens aufsteht, vor Gefahr flüchtet oder auf einen Baum klettert. Sie versetzt die Katze in die Lage, ihre Aktionen optimal zu koordinieren und zu jeder Zeit voll wachsam zu sein.

Ein zweites und ebenso wichtiges Kontrollsystem liegt im Blutkreislauf und schließt Herz, Blutgefäße und andere eng damit zusammenhängende Strukturen ein. Das Kreislaufsystem basiert auf chemischen Abläufen und ergänzt das mechanische Zusammenwirken von Muskeln und Gliedern. Wichtige aktivierende Stoffe, die von den endokrinen Drüsen abgesondert werden, werden vom Blut durch den Körper befördert. Diese aktivierenden Stoffe heißen Hormone und haben Einfluß auf Wachstum, Stimmung und Verhalten, wodurch sie sehr wesentlich für die Erforschung des Verhaltens der Katze sind.

Jede Drüse oder jedes Drüsenpaar hat eine spezifische Funktion. Es gibt zwei Hirnanhangdrüsen: Die vordere kontrolliert das Wachstum und koordiniert die Tätigkeit von Schilddrüse, Bauchspeicheldrüse, Nebenniere und Geschlechtsdrüsen (Gonaden), während die hintere Hirnanhangdrüse den Wasserhaushalt steuert. Die Schilddrüse wirkt auf den Stoffwechsel ein und damit auf Aktivität und Müdigkeit sowie auf die Neigung zum Dick- oder Dünnwerden. Die Thymusdrüse spielt für die Funktion des Lymphsystems und die Bildung von Abwehrstoffen im Körper eine Rolle. Die Nebenschilddrüse ist für den Umsatz von Kalzium verantwortlich und trägt dazu bei, das normale Erregbarkeitsniveau des Nervensystems aufrechtzuhalten. Die Bauchspeicheldrüse reguliert durch Ausscheiden von Insulin den Zuckerhaushalt. Die Nebennieren bestehen aus zwei Teilen: Die Nebennierenrinde reguliert unter anderem den Haushalt von Salz und Kohlehydraten, während das Mark der Nebenniere im Erregungszustand aktiviert wird. Die Gonaden als Hormondrüsen mit innerer Sekretion – und im Unterschied zu ihren reproduzierenden Funktionen – bewirken die sekundären Geschlechtsmerkmale, etwa den beim Kater zu beobachtenden breiten Unterkiefer oder die bei der trächtigen Katze vergrößerten Zitzen.

Die Hormone der Nebennierenrinde sind so wesentlich für das Leben der Katze, daß die Zerstörung dieser Drüse unweigerlich den Tod herbeiführt. Die Hormone der Nebennierenrinde spielen, wie die Steroide, in der Abwehr von Krankheiten eine große Rolle. Viele Krankheiten sind mittels einer Steroiden-Therapie erfolgreich behandelt worden, aber man hat an Katzen, die länger mit Steroiden wie Kortison behandelt wurden, andererseits auch seltsame Verhaltensmuster beobachtet.

Ein drittes Kontrollsystem, das zentrale Nervensystem, überwacht die erwähnten mechanischen und chemischen Vorgänge, denn es ist zuständig für Muskelbewegungen, Herzschlag, Atmung und Kreislauf sowie für die Absonderungen der Drüsen. Das Nervensystem befähigt also den Organismus, in unserem Fall die Katze, zu sehr komplexen und unterschiedlichen Aktionen. Es sorgt für die Fähigkeit, aus Erfahrungen zu lernen, ermöglicht die Anpassung an Veränderungen der Umwelt und verdient somit ein eigenes Kapitel.

Das zentrale Nervensystem

Wie bei allen Säugetieren ist das zentrale Nervensystem der Katze, das aus dem Gehirn und dem Rückenmark besteht, die »Befehlszentrale« des Tieres. Es kontrolliert und koordiniert seine gesamten Aktivitäten, empfängt und gibt laufend Informationen weiter. Manche werden außer acht gelassen, andere für den späteren Gebrauch im Gedächtnis gespeichert, und auf manche wird sofort reagiert.
Die Nerven, die außerhalb des Rückenmarks liegen, nennt man peripher; sie enthalten fast in ihrer Gesamtlänge gemischte Nervenbahnen. Die »hineinführenden«, sensiblen Nervenbahnen nehmen Informationen von Barthaaren, Haut, Pfoten, Muskeln und Gelenken auf und leiten sie ins Rückenmark, von wo aus sie dem Gehirn übermittelt werden. Die »hinausführenden« oder motorischen Nervenbahnen geben Botschaften vom Bewegungszentrum des Gehirns durch das Rückenmark

an die Muskelnervenbahnen weiter und versetzen die Muskeln so in Aktion. Jedem Bereich des Katzenkörpers entspricht ein Abschnitt im Rückenmark, der Botschaften empfängt und ausstrahlt. Die peripheren Nerven werden häufig somatisch genannt, weil sie die gestreifte Skelettmuskulatur innervieren. Nerven, welche die unabhängigen – auch während der Schlafenszeiten der Katze weiterarbeitenden – Funktionen wie Verdauung und Kreislauf überwachen, bilden das autonome Nervensystem. Es ist in zwei klar voneinander unterschiedene Funktionskreise geteilt, die häufig gegeneinander wirken und als das sympathische und parasympathische (oder Vagus-)Nervensystem bekannt sind. Die zu den ersteren gehörenden Nervenfasern wirken als Einheit: Wenn die Katze beispielsweise erregt ist, beschleunigt der Sympathikus den Herzschlag, erweitert gleichzeitig die Arterien in Herz und Muskeln, um den Blutstrom zu vergrößern, und verengt dabei die Kapillaren der Haut und der inneren Organe; Hormone werden in den Blutstrom freigesetzt, und das Tier ist angespannt und zur Aktion bereit.

Das Parasympathikus- oder Vagus-System wirkt sich in Einzelaktionen aus und betrifft jeweils nur ein Organ. Es ist an den Verdauungsfunktionen beteiligt und »verwaltet« körperliche Reserven. Gelegentlich arbeiten beide Teile des autonomen

Systems zusammen, und manchmal müssen sie sich gegenseitig ablösen. Beispielsweise bewirkt der Parasympathikus beim Geschlechtsakt des Katers die Erektion, während der Sympathikus die Ejakulation steuert.

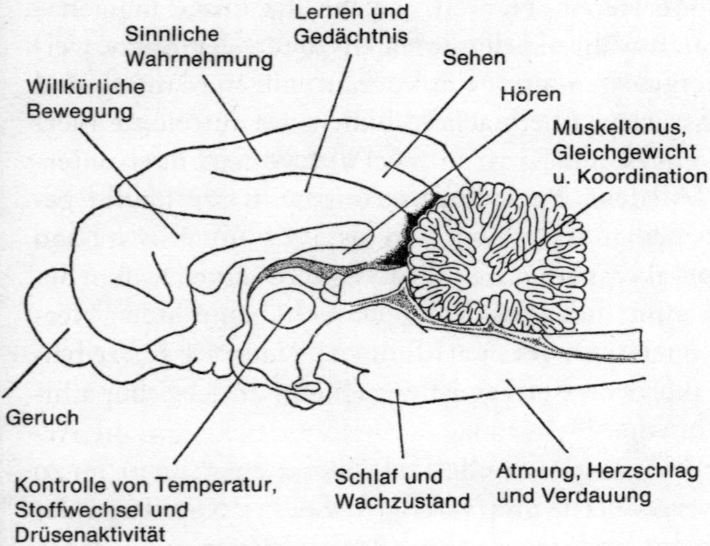

Assoziationsfelder des Gehirns

Flucht und Angriffsprogramme des Einzelgängers und die damit gekoppelten Prozesse im autonomen Nervensystem sind bei der Katze besonders entwickelt. Wölfe (und Hunde) dagegen haben sich als

Rudeltiere mehr auf die Entwicklung des Sozialverhaltens spezialisiert. Hier hing das Überleben vom Verständnis der Rudelführer und der anderen Rudelmitglieder untereinander ab. Auf diesen Unterschied zwischen Katze und Hund geht auch das unterschiedliche Verhalten zurück, das die meisten Tiere beim Tierarzt zeigen. Der Hund läßt, auch wenn er beunruhigt ist, die Behandlung über sich ergehen, während Katzen im allgemeinen eine feste, erfahrene Hand brauchen, um ihnen eine Medizin einzuflößen. Dieser Unterschied erklärt aber auch, warum viel mehr verirrte Katzen überleben und verwildern als ausgesetzte Hunde. Die Katze in ihrer Natur als Einzelgänger kann sich selber helfen und wird häufig gar nicht bemerkt, während der Hund, der eine Meute zum Überleben braucht, sofort wieder eingefangen und ins Tierheim gebracht wird.

Wie beim Menschen folgt bei der Katze die Reaktionsbereitschaft auf Reize einem bestimmten Muster: Empfang der Reize, Weiterleiten und Integration der Nervenimpulse, sodann entsprechende Aktivierung der Muskeln oder Drüsen. Einige Reflexhandlungen sind jedoch automatisch: Die Reaktion auf ein sanftes Kraulen an einer bestimmten Stelle des Rückgrats ist beispielsweise, daß sich die Katze mit dem Hinterbein unmittelbar hinter dem Nacken kratzt.

Um an Körper und Seele gesund zu bleiben, braucht die Katze eine ständige Stimulation des Nervensystems. Selbst ganz normale körperliche Funktionen wie Verdauung, Atmung und Kreislauf verursachen eine stetige Nerventätigkeit. Doch reicht das nicht aus; die Katze braucht ziemlich viel Anregung, um wirklich leistungsfähig zu sein. In der Wildnis muß sie unentwegt wachsam sein und verwendet viel Zeit auf die Jagd. Während der wärmeren Monate, in denen die Nahrung leichter zu finden ist und die Katze weniger Energie verbraucht, erfolgt die Fortpflanzung. Auf diese Weise wird die nervliche Anspannung konstant gehalten. Wird eine Katze über längere Zeit isoliert oder in einer reizarmen Umgebung gehalten, zum Beispiel in einem schlecht angelegten Katzenheim, das nur enge Schlafstellen ohne Ausblick hat, wird man ernste Verhaltensstörungen bei ihr feststellen können. Wenn das Tier dann nach Hause zurückkehrt, kann es Schwierigkeiten haben, Entfernungen abzuschätzen, kann fallen, wenn es hinauf- oder hinunterspringt, oder plötzlich gegen Gegenstände laufen. Zuchtkater sollten niemals isoliert gehalten werden, man muß ihnen im Gegenteil viel zum Sehen und viel Auslauf bieten. Der Besitzer sollte jeden Tag etwas Zeit mit ihm verbringen, ihn bürsten und mit ihm spielen, sonst werden seine Persönlichkeit und seine Leistungsfähigkeit Einbußen erfahren.

Kleine Kätzchen und Hauskatzen sollten ebenfalls stimuliert werden, keinesfalls dürfen sie stundenlang sich selbst überlassen bleiben. Schon ein normal aufgeräumtes Zimmer ist schlimm für sie; sie sollten im Gegenteil eine Menge Spielzeug oder, noch besser, ein anderes Tier als Hausgenossen haben. Man sollte kleine Katzen dazu bringen, vom Fensterbrett aus hinauszusehen, und wenn sie nicht in den Garten dürfen, sollte man sich soviel wie möglich mit ihnen abgeben und spielen. Eine Katze, der es an Anregungen fehlt, wird sich, selbst wenn sie ihrer Umgebung angepaßt ist, heftig wehren, sobald man sie aus dieser entfernt, und übertrieben auf jede Anregung reagieren, die sie dann erhält, und es wird sich als praktisch unmöglich erweisen, sie medizinisch zu behandeln oder auswärts unterzubringen.

Überreizung schadet dem Tier im gleichen Maß wie zu geringe Anregung. Man muß der Katze also zu einer ausgeglichenen Atmosphäre verhelfen. Da wir ein Wildtier domestiziert haben, haben wir auch die Pflicht, es für seinen Verlust an natürlicher Umwelt zu entschädigen. Indem wir die Nahrung beschaffen, hemmen wir seinen Jagdtrieb; durch die Kastrierung entziehen wir ihm den Sexualtrieb; und wenn es im Haus bleiben muß, entfällt die Notwendigkeit, sich warm zu halten – es ist tatsächlich ein Wunder, daß Katzen noch so ausgeglichene und umgängliche Geschöpfe geblieben sind, wie wir sie heute erleben.

Wird eine Katze in übertriebenem Maße gefordert, dann können ihre Mechanismen nicht mehr normal funktionieren, und wenn die Streßsituation andauert, kann das eine chronische Schädigung oder sogar den Tod zur Folge haben. Infektionen, extrem heiße oder kalte Temperaturen, nervöse Anspannung, physische Verletzungen oder Erschöpfung können die Katze in Zustände hoher Belastung versetzen, und wenn diese Belastung andauert, dann wird die Lage ernst. In diesem Buch wird zwar verschiedentlich vor Situationen gewarnt, die Krankheiten hervorrufen, aber man sollte im Auge behalten, daß ein gewisser Grad an Anforderungen im Leben der Katze zu jeder Zeit notwendig ist. Nur wenn die Belastung übertrieben wird, gibt es Schwierigkeiten.

Als erstes empfängt die Katze Reize – beziehungsweise sie wird gefordert – im Augenblick der Geburt. Das winzige Kätzchen muß um die Zitzen kämpfen und später mit den Geschwistern um das feste Futter. Es lernt Zufriedenheit und Angst, erfährt Wärme und Kälte, Licht und Dunkel, hört laute und plötzliche Geräusche. All dies sind natürliche Reize, die dazu beitragen, in dem kleinen Gehirn die synaptischen Verschaltungen herzustellen. Ein Katzenjunges, das im Dunkeln und bei gleichbleibender Temperatur gehalten wird, wird Schwierigkeiten haben, sich den Umständen anzupassen, wenn es sich im Alter von sechs Wochen aus dem Nest hinausbegibt, denn es ist zu wenig stimuliert worden und hat nur eine geringe Wahrnehmungskraft. Es kann durchaus für den Rest seines Lebens geistig unterentwickelt bleiben.

Eine normal stimulierte, gesunde Katze ist ein leistungsfähiges Geschöpf mit ausgezeichneten Fähigkeiten im Sehen, Riechen, Hören, in Geschmack und Tastsinn. Ihr Nervensystem wird durch Rezeptoren in Augen, Nase, Ohren und den übrigen Sinnesorganen alarmiert, und die Botschaften werden durch die afferenten Bahnen zum Rückenmark und zur Weiterverarbeitung in das Gehirn geleitet. Dann wird die entsprechende Antwort entlang der efferenten Bahnen zum Rückenmark und zu den Effektoren in den richtigen Muskeln zurückgesandt, auf daß die erforderliche Aktion stattfinde.

Unter normalen Bedingungen sorgt die Homöostase für die Aufrechterhaltung eines Gleichgewichts zwischen Über- und Unterstimulierung, und zwar durch ein ständiges Feedback zwischen den Drüsen und dem komplexen rückgekoppelten Monitorsystem. Nur unter anomalen Bedingungen geraten Streßfaktoren außer Kontrolle.

Sinne und Reflexe

Die meisten Katzenbesitzer glauben, ihre Hausgenossen hätten einen sechsten Sinn. Ob das nun wahr ist oder nicht, feststeht, daß Katzen über die gewöhnlichen fünf Sinne verfügen, von denen jeder hoch entwickelt ist.

Zunächst die Augen: Der Augapfel ist kugelförmig und durch eine durchsichtige »Fensterschicht«, die Hornhaut, geschützt. Eine Öffnung, Pupille genannt, läßt Licht durch die Linsen auf die lichtempfindliche Fläche der Retina, die Netzhaut, fallen. Die Pupille erweitert sich und zieht sich zusammen, je nach den vorhandenen Lichtmengen. Bei hellem Licht wirkt die Pupille wie ein enger Schlitz, während sie sich im Halbdunkel öffnet, bis sie fast die gesamte Augenoberfläche ausfüllt.

Das Licht fällt durch die Linsen ein, wird gebrochen und als Bild auf die Netzhaut projiziert, die bei Katzen mit einer besonderen, reflektierenden Membran bedeckt ist, welche gewährleistet, daß jede erreichbare Einzelheit festgehalten wird und auch bei Halbdunkel noch eine ausgezeichnete Sicht möglich ist. Diese reflektierende Membran verursacht ein Phänomen, das die meisten von uns schon beobachtet haben, wenn auf einer stillen Straße das ferne Licht von Scheinwerfern die Augen einer Katze oder eines Fuchses trifft. Die Membran ist auch für viele enttäuschende Blitzlichtfotos verantwortlich, auf denen Katzenaugen wie gelbe oder rote Bälle aussehen.

Die Sehfelder der Katzenaugen überschneiden sich. Das kommt daher, daß die Augen vorn im Kopf sitzen, was für die Augenstellung von Raubtieren typisch ist. So kann das Hirn die Position der Beute genau einschätzen und beurteilen; auch für die Bewältigung von schwierigem Terrain durch Springen und Klettern ist das sehr nützlich. Das Auge besitzt die üblichen Sehrezeptoren; die Stäbchen der Retina werden auch bei schlechten Lichtverhältnissen noch angeregt. Es hat darüber hinaus Zapfen, die die verschiedenen Wellenlängen registrieren und uns glauben machen, daß Katzen manche Farben erkennen können, wenn schon nicht das ganze Spektrum, das der Mensch wahrnimmt.

Dieses Auge ist sehr anpassungsfähig, weil es über vielerlei Möglichkeiten des Zusammenziehens der Pupille verfügt und von einem dritten Lid, der Nickhaut, beschützt ist, die sich vom inneren Augenwinkel her unter die zwei normalen Augenlider schiebt, wenn die Katze müde wird.

Ganz entscheidend ist der Geruchssinn, der zwangsläufig sehr gut entwickelt sein muß. Schon Katzenjunge lernen, welche Gerüche gesundes, nicht-giftiges Futter anzeigen. Daher ist es sehr wichtig, daß die Jungen mit einer abwechslungsreichen Nahrung aufgezogen werden, denn sonst können sie als ausgewachsene Katzen nur eine ganz bestimmte Futtersorte zu sich nehmen. Die Rezeptorzellen der Nase sind hoch spezialisiert und mit winzigen Erhöhungen bedeckt, die man Geruchshaare nennt, sie vergrößern die Oberfläche der Rezeptoren und lassen die Katze Substanzen, die sie riechen kann, leichter entdecken.

Im harten Gaumen, gleich hinter den oberen Schneidezähnen, hat die Katze zwei winzige Kanäle, die zum Nasen-Rachen-Raum oder Jacobsonschen Organ führen. Wenn die Katze gewisse Substanzen riecht, eine fremde Katze oder beispielsweise Katzenminze, öffnet sie das Maul, reckt den Hals und macht vielleicht einige Schluckbewegungen, wodurch der Geruch in das Organ hineingezogen wird. Dieses seltsame Verhalten nennt man Flehm-Reaktion; bei Kaninchen hat sie geschlechtliche und aggressive Bedeutungen, über ihre Funktion bei Katzen hingegen weiß man so gut wie nichts.

Als ersten der fünf Sinne benutzt das neugeborene Katzenjunge den Geruchssinn. Blind und hilflos ortet es immerhin die Zitze allein durch den Geruch. Manchmal gerät bei der Geburt Fruchtwasser in die Nasenlöcher. Wenn man dieses nicht entfernt, kann das Katzenkind die Flüssigkeit einatmen und Lungenentzündung bekommen; es wird jedenfalls aber unfähig sein, eine Zitze zum Saugen zu lokalisieren. Selbst wenn man das Junge dann an die Zitze setzt, nützt das nichts, weil es der Geruch ist, und nur er allein, der die Saugbewegungen auslöst.
Auch bei der Fortpflanzung spielt der Geruchssinn eine große Rolle: Der Geruch der rolligen Katze regt den Kater zum Geschlechtsakt an. Katzen haben außerdem die Neigung, ihr Gebiet mit Urin zu markieren; sie verspritzen ihn entlang der Grenzen. Aber auch manche chemischen Substanzen pflanzlicher Herkunft sind beliebt; Katzen werden immer bei Pflanzen stehenbleiben, die solche Substanzen enthalten, sie beschnuppern und sich vielleicht vor Vergnügen auf dem Boden wälzen oder strecken. Besonders beliebte Substanzen sind Katzenminze (Nepeta cataria), Baldrian (Valeriana officinalis) und Katzen-Thymian (Teucrium marum). Katzen fressen nur frisch geschlachtetes Fleisch oder dessen heutiges Äquivalent, frisch geöffnetes Dosenfutter; Aas oder verdorbenes Futter finden sie ekelhaft.

Nicht so wichtig ist der Geschmack für Katzen, aber ein Geschmack, den sie gut in Erinnerung haben, verbunden mit Gerüchen, an die sie sich ebenfalls gut erinnern, macht es ihnen möglich, ihr Futter nach Nährwert und giftigen Substanzen zu analysieren, bevor sie es zu sich nehmen. Im Maul der Katze sind Geschmacksknospen vorhanden; das Tier kann zwischen salzig, sauer, bitter unterscheiden und Süßwasser erkennen. Es scheint indessen nicht unterscheiden zu können zwischen süßen und nichtsüßen Nahrungsmitteln und – im Gegensatz zum Hund – Zucker oder Schokolade nicht sonderlich zu mögen.

Die Ohrmuschel der Katze ist nach vorn gerichtet. Sie ist sehr beweglich und wendet sich Geräuschen wie von selbst zu. Auf diese Weise kann das Tier den Ursprung von Geräuschen leicht lokalisieren und sogar das schwache Rascheln einer Feldmaus noch aufnehmen. Geräusche sind auch ein wichtiges geschlechtliches Stimulans: Der »Ruf« einer rolligen Katze zieht die Kater aus einem Umkreis von vielen Kilometern an. Die meisten Katzen lernen ihren eigenen Namen sehr schnell und reagieren auf ihn. Wer mehrere Katzen besitzt, sollte sich Namen für sie aussuchen, die sich im Klang deutlich voneinander unterscheiden; dann kann er mit Erfolg ein Spiel durchführen, bei dem jede Katze der Reihe nach antwortet, wenn ihr Name ruhig gerufen wird. Offenbar mögen Katzen keine lauten, hohen Töne; und viele werden schrecklich aufgeregt bei den Klängen einer Geige, oder wenn ein Düsenflugzeug über sie dahinbraust.

Die Tastrezeptoren für Wärme und Kälte sind über die gesamte Haut verteilt und an manchen Stellen, die dann noch empfindlicher sind, gehäuft. Auch die Fellhaare verfügen über Rezeptoren, vor allem die Bereiche um Kopf und Kinn, woraus sich das Vergnügen der Katze beim Streicheln erklärt. Die Vibrissae oder Barthaare sind ganz besonders empfindlich und darauf spezialisiert, das Gesicht und die Augen des Tieres zu schützen. Ein Flattern der Schnurrhaare löst ein fast gleichzeitiges Schutzblinzeln der Augen aus. Eine wißbegierige Katze, die neues Terrain erforscht, richtet die Ansatzstellen der Schnurrhaare auf, wodurch die Barthaare nach vorn und nach außen stehen und anzeigen, daß sie benutzt werden, um Gefahren zu erkunden.

Das Überleben der Stärksten und Geschicktesten in den vergangenen Zeiten der Wildnis hat der heutigen Katze phantastische Reflexbewegungen hinterlassen. Die Beugungsreflexe in den Beinen sind sehr fein ausgebildet und versetzen Katzen in die Lage, Hunderte von Metern hoch auf schmalem Grat zu gehen, ohne zu fallen, ein Bord mit kostbarem Porzellan zu überqueren, ohne ein Stück davon umzustoßen, oder auf spitzen Steinen zu laufen, ohne ihre zarten Ballen zu verletzen. Am bekanntesten ist wahrscheinlich der Haltungs- oder Körperstellreflex der Katze. Dabei handelt es sich allerdings nur um die Weiterentwicklung eines ganz primitiven Reflexes, der sogar bei den niedersten Tiergattungen vorhanden ist und es diesen gestattet, sich immer wieder in die richtige Lage zurückzudrehen, wenn man sie auf den Rücken legt. Bei einer aus der Höhe fallenden Katze kommen sofort viele Reflexe gleichzeitig ins Spiel, eingeschlossen die Informationen aus dem komplizierten »Labyrinth« des Innenohrs. Die Bewegung der Flüssigkeit in den vielen engen, kleinen Hohlräumen teilt dem Gehirn mit, in welcher Position sich der Körper im Verhältnis zur Erde befindet; während des Falls wird dann eine ganze Reihe von bestimmten, koordinierten Bewegungen instinktiv durchgeführt, so daß das Tier sicher auf allen vier Beinen landet.

Gelehrige Kätzchen

Das neugeborene Katzenkind ist, wie bereits erwähnt, blind und taub und bewegt sich kriechend, den Bauch in Berührung mit dem Boden, zu den Zitzen der Mutter, wobei es allein vom Geruchssinn geleitet wird. Schwache Kätzchen werden von der Mutter stimuliert, indem sie mit ihrer rauhen Zunge hart über das Fell der Jungen fährt, um alle Spuren der Fruchtblase und des Fruchtwassers zu entfernen, was Kreislauf und Atmung der Kleinen fördert. Jedes der Kätzchen im Wurf scheint eine bestimmte Zitze vorzuziehen, an der es während der gesamten Säugeperiode zu saugen versucht. Man kann von Anfang an kräftige und entschlossene Anstrengungen zur Behauptung des Anspruchs auf die besondere Zitze beobachten. Wenn sie saugen, benutzen die Kätzchen ihre winzigen Pfoten, kneten beide Seiten der Zitze, um die Milch zum Fließen zu bringen, und diese tretende, knetende Bewegung wird stärker, je größer die Jungen werden.

Die Entleerung von Darm und Blase wird während der ersten drei oder vier Wochen von der Mutter durch Belecken des genitalen Bereichs der Kleinen stimuliert; sie verschluckt auch alle Spuren von Kot und Urin. In der Wildnis würde das verhindern, daß das Nest beschmutzt wird und durch den Geruch Raubtiere anzieht. Wenn die Jungen dann anfangen, feste Nahrung zu sich zu nehmen, hört die Mutterkatze auf, sich den Abfall einzuverleiben, und die Kätzchen lernen, sich vom Nest zu entfernen, um sich zu entleeren.

Sofort nach der Geburt schlafen die Katzenkinder an ganz bestimmten Stellen in der Wurfkiste und sind unglücklich, wenn man sie davon entfernt. Viele Katzenbesitzer sind sehr darauf bedacht, alle Spuren von beschmutztem Papier oder eine beschmutzte Decke sofort zu entfernen und sie durch ein tadellos reines Tuch zu ersetzen. Genau das dürfte aber der Grund für die Neurose so mancher erwachsenen Katze sein, denn der einzigartige Geruch, den das Nest während der Geburt erhält, wird von den Katzenkindern in den ersten paar Tagen ihres Lebens als »heimatlich« empfunden. Entfernt man die beschmutzten Stellen, die übrigens gar nicht unter den Begriff »Schmutz« fallen, denn die Ausscheidungen des Gebärens und der Geburt sind steril, dann entfernt man einen Geruch, der den Kätzchen Sicherheit gibt.

Bei der Geburt ist die Zahl der Nervenzellen des Gehirns bereits voll ausgebildet. Sie bestehen ein ganzes Leben hindurch, denn Hirnzellen werden niemals erneuert. Alle Säugetiere fangen ihr Leben mit Millionen Neuronen an, die dann im Laufe der Zeit allmählich verfallen.

Das Gehirn des Kätzchens ist bereits recht funktionsfähig, aber je mehr synaptische Umschaltstellen sich in den ersten Wochen seines Lebens bilden, um so intelligenter wird die erwachsene Katze sein. Anforderungen stimulieren die Entwicklung des Gehirns, und dementsprechend sollten Kätzchen behandelt werden. Versuche haben bewiesen, daß Kätzchen, die während der ersten vier Wochen ihres Lebens besondere Beachtung erfahren, intelligenter werden als solche, die man in einer dunklen abgeschiedenen Wurfkiste bis zur Entwöhnung alleingelassen hat. Geforderte Kätzchen öffnen ihre Augen früher, sind verträglicher und werden viel früher aus dem Nest herauskrabbeln als andere, um die sich niemand kümmert. Aber die Anforderungen sollten auch nicht in rauhe Behandlung ausarten. Zuerst werden die Kleinen schon genügend angeregt, wenn man sie hochhebt und sie die fremde Kleidung oder ein fremdes Gesicht beschnuppern läßt.

Während der Entwicklung von neuen Farbschlägen bei Zuchtkatzen hat man seit Jahren beobachtet, daß stets die andersfarbigen Jungen eines Wurfs zu besonders intelligenten, lenkbaren und gesunden Katzen wurden, und diese Tatsache hat man irgendeiner Stärke von Mischungen zugeschrieben. Erst sehr viel später, nachdem man die Psychologie von Katzen erforscht hatte, wurde klar, daß die Sonderbehandlung von Geburt an, die außergewöhnliche Kätzchen meist erhalten, aus ihnen »Superkatzen« machte. Das Erscheinen eines Jungen, das die erwünschte neue Farbe in einem Wurf von gemischten Farbschlägen hat, bedeutet, daß das aufregende, kleine Geschöpf bei der Geburt sofort untersucht wird, um sein Geschlecht festzustellen. Vermutlich reibt man es mit einem rauhen Handtuch ab, um sicherzustellen, daß seine Lungen keine Flüssigkeit mehr haben und der Kreislauf kräftig genug ist. Jeden Tag nimmt man es auf, um nachzusehen, ob sich auch keine Sepsis am Nabel entwikkelt und ob sich die Augen normal öffnen. All diese Extrabehandlungen und Untersuchungen sind für das Neugeborene sehr anstrengend und der Grund für ein frühes Reifen der Gehirnaktivität.

Offenbar ist das Alter von vier bis acht Wochen die kritische Zeit im Leben des jungen Kätzchens, das sich auf Menschen einstellen muß, wenn es als ausgewachsene Katze ausgeglichen sein und das Anfassen durch Menschen schätzen soll. Diese Zeit fällt in der Wildnis mit dem Verlassen des Nestes zusammen, denn dann lernen wilde Kätzchen, wer ihre Freunde und wer ihre Feinde sind. In diesem Alter sollte man sich viel mit den Jungen befassen, ihre Augen sollten immer sanft ausgewischt, ihre Zähne und Pfoten inspiziert werden, damit dies später gewohnte Routine ist. Die Kätzchen haben es gern, wenn ihr Fell liebevoll mit einer Babybürste behandelt wird, und geben sogleich ein starkes Schnurren von sich.

Während dieser entscheidenden Zeit der Anpassung ist es für das Katzenkind wichtig, daß es nicht nur mit Erwachsenen, sondern auch mit Kindern und Hunden und anderen Katzen in Berührung kommt. Es ist außerdem die beste Zeit, die Kätzchen mit den Geräuschen des Haushalts vertraut zu machen, die sie auch später im Leben hören werden, mit der Waschmaschine und dem Staubsauger. Wenn man sie in einem warmen Tragkorb transportiert, kann man sie auch im Auto mitnehmen. All diese anstrengenden Erfahrungen werden, selbst wenn sie im Augenblick etwas traumatisch sein mögen, den Katzenkindern helfen, zu einer gut angepaßten, intelligenten erwachsenen Katze zu werden, die sich in fast jeder Umgebung zurechtfindet.

Kätzchen, die in großen Katzenheimen aufgezogen werden und nur bei der Fütterung Menschen erleben, werden bei Kontakten mit Menschen ziemlich scheu bleiben und beim Tierarzt und bei Katzenausstellungen immer Schwierigkeiten machen, obwohl sie sich sehr an ihren Eigentümer anschließen können. Andererseits kann ein verwaistes Kätzchen, das von Geburt an von einer menschlichen Pflegemutter mit der Flasche aufgezogen wurde, zu einem noch schlimmeren Problem werden, wenn es nicht in dem entscheidenden Alter zwischen vier und acht Wochen mit anderen Katzen Bekanntschaft macht, denn es wächst übertrieben vermenschlicht auf. Auf diese Weise wurde ein Kätzchen aufgezogen, das von Geburt an durch Spritzen mit Nährlösung ernährt wurde, während der Züchter sich von einer schweren Krankheit erholte und froh war, diese Aufgabe, die ihn ganz in Anspruch nahm, ausführen zu können. Das Kätzchen verlebte die ersten zehn Wochen seines Lebens im Zimmer des Rekonvaleszenten und war eine reine Freude, da es äußerst liebevoll, sauber und manierlich in seinen Gewohnheiten war. Es kam schließlich in eine andere Familie, wo es sich, von seiner neuen Herrin und den Kindern heiß geliebt, sofort einlebte.

Die junge Katze war eine neue Abart der Siamkatze und ein sehr gutes Exemplar, so daß ihre Besitzerin beschloß, mit ihr zu züchten, wenn sie reif dazu wäre. Als sie dann rollig wurde, brachte man sie zu einem Zuchtkater. Aber als man sie in das Gehege setzte und sie den Kater erblickte, wurde sie sehr aufgeregt, kletterte am Drahtzaun des Geheges hoch und urinierte. Man versuchte sie festzuhalten, aber sie biß und kratzte, ganz offensichtlich aus Angst, der Kater würde sie angreifen. Schließlich beruhigte man sie und nahm sie wieder mit nach Hause. Man versuchte es später noch einmal, sie mit dem Kater zusammenzubringen, doch war es nicht möglich, sie zum Paaren zu bewegen, obwohl sie sehr heftig rollig war und drei Tage in dem warmen, abgeschiedenen Gehege zubrachte, wo sie den Kater ohne direkten Kontakt sehen und riechen konnte. Erst dann machte man sich klar, daß sie während ihrer gesamten Kätzchenzeit niemals Artgenossen gesehen hatte und später nur gelegentliche menschliche Besucher, die sie angefaucht und angespuckt hatte – daß sie in Wahrheit gar nicht wußte, daß sie eine Katze war. Es war eindeutig, daß sie sich niemals paaren würde, und so wurde sie schließlich kastriert und lebte als Haustier ein langes, glückliches Leben.

Die ersten Tage im Nest verbringt das Katzenkind mit Saugen und Schlafen. Wenn sich die Augen zwischen dem zweiten und zehnten Tag, je nach Rasse der Katze, öffnen, wird es für die Lichtverhältnisse empfindlich, und das Gehör entwickelt sich ganz allmählich. Danach krabbelt es mehr herum und findet sich im Nest zurecht, indem es die Nase am Boden hält und sich vom Geruch leiten läßt. In dieser Phase bleibt der Bauch in Berührung mit dem Boden. Die Beinchen hinterlassen, indem sie das kleine Tier vorwärts stoßen, Geruchsspuren im Nest.

Sind die Augen offen, kann man die ersten Anzeichen für ein Spielverhalten beobachten, wenn die Jungen sich gegenseitig tätscheln. Zunächst ist das Sehvermögen nur schwach, aber nach den ersten paar Tagen stellt man fest, daß sich die Kätzchen gegenseitig ansehen und auch die Mutter. Im Alter von drei Wochen können sie ganz gut stehen und auf ihren Beinchen umherwackeln. Sie lecken sich die Pfoten, rollen sich auf den Rücken, stellen sich wieder auf und spielen, schlagen sich gegenseitig auf Gesichter und Körper und versuchen schon gelegentlich, in Schwänze und Pfoten zu beißen. Wenn sie kräftiger werden, wird das Spiel auch rauher. Die kleinen Ausflüge vom Nest werden täglich größer, bis mutige Expeditionen im ganzen Zimmer herum unternommen werden. Plötzliche Geräusche bewirken dann eine wilde Flucht zurück ins Nest und zur Mutter.

Im Verlauf der ersten Ausflüge wird der Geschmackssinn von den Kleinen ausprobiert, indem sie an fast allem lecken, was ihnen begegnet, auch am Boden. Einige Gegenstände werden erkundet, indem sie angekaut oder angebissen werden, und

das »Nest« wird, wenn es aus Pappe ist, bald die vielen nadelstichartigen Spuren der kleinen Zähne aufweisen.
Das Gehirn der Kätzchen ist im Alter von fünf Wochen fast zur völligen Reife gelangt; sämtliche synaptischen Schaltungen sind ausgebildet und arbeiten. Aber die Entwicklung der Motorik, der Koordination von Gliedern und Muskeln, braucht viel länger. Vor allem hat das Kätzchen noch nicht unterscheiden gelernt und muß davor bewahrt werden, daß es auf gefährlich hohe Gegenstände klettert, daß es fällt, daß es giftige Substanzen zu sich nimmt, naß wird oder sich verbrennt. In diesem Alter muß es die Freiheit haben, mit seinen Geschwistern soviel wie möglich herumzutollen, und es sollte außerdem genügend Spielzeug und ungewohnte Gegenstände zu Spielen und Erforschen haben. In dieser Phase sollte man verschiedene Arten von Nahrung anbieten, damit es eine breite Skala von Geschmacksmöglichkeiten kennenlernt, und im übrigen muß man das Katzenkind nach jeder Mahlzeit, jedem Saugen, energisch in die Katzenkiste setzen.

Markieren des Reviers und Kommunikation

Nicht kastrierte Kater haben die unangenehme Gewohnheit, ihr Gebiet so oft wie möglich zu markieren. Sie spritzen – die Rückseite dem jeweiligen Gegenstand zugekehrt, unter leichtem Treten mit den Hinterbeinen, hochgestelltem und zitterndem Schwanz – einen feinen Urinstrahl gegen jedes auffällige Objekt, gegen einen Zaun, einen Pfahl oder gegen Büsche. Wenn ein Kater nicht ins Freie darf, bespritzt er Möbel und sonstige Gegenstände und liefert einen guten Grund zum Kastrieren.

Der Urin des nicht kastrierten Katers enthält eine dicke, fette Substanz mit dem ganz persönlichen Geruch des Katers, der dann dem markierten Revier anhaftet und alles Abwaschen und Schrubben, jeden Regen, Graupelschauer oder Hagel übersteht. Die Markierung erfüllt die Funktion einer Visitenkarte. Wenn ein anderer Kater in das Gebiet eindringt, kann er sie riechen und ist sich bewußt, daß er das Revier eines anderen betreten hat. Entweder bleibt er dann, um die Folgen abzuwarten, oder er empfiehlt sich und geht Schwierigkeiten aus dem Wege.

Auch durch andere Mittel markieren Katzen Orte, denn sie haben auf Lippen und Kinn sowie zu beiden Seiten der Stirn und am Schwanz entlang Duftdrüsen. Die Schläfendrüsen treten in Aktion, wenn die Katze ihren Kopf liebevoll an unseren Beinen oder einer Hand reibt, die sich ihr entgegenstreckt. Katzen reiben ihre Köpfe auch an anderen Katzen im gleichen Haushalt und »markieren« auf diese Weise ihre Freunde.

Eine ähnliche Form des Reibens und damit Markierens wird mit Lippen und Kinn ausgeführt, indem Ausscheidungen der Perioraldrüse verteilt werden. Offenbar hat die Katze großen Genuß daran, die Lippen seitlich an Gegenständen wie Stuhlbeinen zu reiben, und wenn eine andere, ihr bekannte Katze dort vorher gerieben hat, scheint sie das noch lieber zu tun – unter Schnurren und Schwingen des Schwanzes. Man hat sogar erlebt, daß eine Katze über die Markierung einer anderen befreundeten Katze derart begeistert war, daß sie sich auf ihre Hinterbeine stellte, sabberte und mit Stirn und Schwanz ebenfalls Gebiete dort markierte.

Häufig wendet sich der Kater um, nachdem er ein Gebiet bespritzt hat, kratzt die bespritzten Stellen heftig mit den Krallen und schlägt auf sie ein. Ein anderes Mal stellt er sich vielleicht mit dem Hinterteil gegen die bespritzte Stelle und reibt sich und den Schwanz an ihr. Manche weibliche, nicht kastrierte, aber auch kastrierte Katzen spritzen ebenfalls ab und zu, aber nicht so gewohnheitsmäßig wie Kater.

Das Markierungsverhalten nimmt an Intensität zu, wenn eine fremde Katze das Revier aufgesucht hat. Wenn ein neues, junges Kätzchen in einem Haushalt aufgenommen wird, kann es passieren, daß ein normalerweise stubenreiner Kater Vorhänge und Möbel markiert. Auch kastrierte Kater, die bis dahin stubenrein gewesen sind, machen dann manchmal eine Regression in der Entwicklung durch und fangen aus Eifersucht zu spritzen an. Zwar sind ihre Duftmarken nicht ganz so markant wie die eines nicht kastrierten Katers, doch muß man sofort dagegen angehen, damit es nicht zur Gewohnheit wird. Nicht sterilisierte Kätzinnen spritzen meistens nur, wenn sie rollig oder sehr frustriert sind, wobei sie das in der männlichen Stellung des Urinierens und nicht in der für sie normalen sitzenden Haltung tun. Das Verabreichen von empfängnisverhütenden Tabletten an Kätzinnen bringt zuweilen das hormonale Gleichgewicht derart durcheinander, daß Markierungsverhalten die Folge ist.

Wie wir in einem späteren Kapitel noch sehen

werden, verfügen Katzen über eine breite Skala an Ausdrucksmöglichkeiten, an Mimik und Körperstellungen, durch die sie sich nicht nur mit anderen Katzen, sondern durchaus auch mit menschlichen Partnern verständigen können. Ein Studium dieser Ausdrucksformen hilft uns, unsere Katzen besser zu verstehen.

Die Katze benutzt Kopf und Körper, ihre Augen und ihren Schwanz und natürlich die Stimme, um sich auszudrücken. Die verschiedenen Veränderungen in Stellung und Haltung von einigen Körperteilen ergeben einen recht deutlichen Sprachschatz. Körperstellung und Stimme werden gleichzeitig oder aufeinanderfolgend eingesetzt, um Botschaften verständlich zu machen.

Nehmen wir die normale, friedliche Katze, die im Garten etwas Bedrohliches sieht, vielleicht in Gestalt einer anderen Katze, die hereinkommt, oder eines Hundes. Zuerst »erstarrt« die Katze, bleibt stehen, während sie den Eindringling mustert, wobei vielleicht der Schwanz etwas hin und her schwingt und Ohren wie Barthaare nach vorn gestellt sind; sämtliche Sinne sind darauf gerichtet, die Gefahr abzuschätzen. Wenn der Eindringling etwas näherkommt, hebt sich der Schwanz leicht, doch zeigt die Schwanzspitze noch immer nach unten, der Kopf senkt sich, die Ohren werden angelegt, und die Katze bewegt sich langsam seitlich vor, Körper- und Schwanzhaare stellen sich auf. Dieses zunehmend aggressive Verhalten steigert sich, wenn sich der Eindringling noch weiter nähert, und wenn er sehr nahe kommt, wird sich die Katze in vollständiger Angriffsstellung befinden: Hinterbeine gespannt zum Sprung, Körper von der Brust an seitlich gewendet, das Gewicht des Vorderkörpers auf einem Vorderbein, während das andere Vorderbein mit ausgefahrenen Krallen erhoben und bereit zum Schlag ist. Der Unterkiefer ist tief an die Brust gepreßt, die Ohren liegen eng am Kopf an, die Lefzen sind zurückgezogen, und die Katze faucht wütend.

An diesem Punkt angekommen, weicht der Eindringling meist ein paar Schritte zurück, und die Katze geht unter noch wilderem Geknurre vor, den aufgeplusterten Schwanz hin und her peitschend. Vielleicht schmatzt und sabbert sie jetzt, was für den Eindringling meist zuviel ist, der daraufhin den Schwanz einzieht und davonläuft. Dann beschnuppert die Katze das Gebiet, in das der andere eingedrungen ist, bespritzt es vielleicht auch, entleert sich dort und kratzt darauf herum, wonach sie wieder ihr normales, alltägliches Verhalten annimmt.

Eine Katze, die eine ihr befreundete Katze näherkommen sieht, verhält sich ganz anders. Zunächst gibt sie sich allerdings forschend, Ohren und Barthaare zeigen nach vorn; erst wenn der vertraute Geruch bei ihr ankommt, richtet sich der Schwanz steil auf, sie neigt leicht den Kopf und geht etwas steifbeinig auf den Freund zu, und dann begrüßen sie sich, indem sie sich gegenseitig mit den Nasen berühren, vielleicht auch, wenn sie sich sehr lieben, indem sie sich lecken. Befreundete Katzen geben sich des öfteren auch als Erwachsene gemeinsamem Spiel hin. Sie jagen sich in spielerischem Kampf, vollführen scharfe Wendungen und fauchen; dann läuft die eine fort, bis die andere sie einholt und umrennt, worauf diese dann die Rolle der Jagenden übernimmt. Häufig sausen beide Katzen bei solchen Spielen blitzschnell einen Baum hinauf und drehen sich plötzlich höchst erstaunt um, wenn sie entdecken, daß sie sich so hoch über dem Boden befinden. Vielleicht rufen sie dann beim Hinunterklettern um Hilfe; wenn jedoch niemand kommt, klettern sie auch ohne Schwierigkeiten von allein langsam wieder hinunter.

Ganz leicht zu lesen ist bei Katzen der Gesichtsausdruck. Eine wachsame Katze, die eine Situation abschätzt, sieht einen direkt an, Ohren und Barthaare leicht vorgestellt; wenn sie etwas nervös ist, zucken vielleicht die Nasenlöcher. Eine ruhige Stimme beschwichtigt sie sofort, und der Ausdruck ihrer Augen wird weicher, wenn sie jemanden akzeptiert; die Ohren entspannen sich; unter Umständen gibt die Katze einen leisen Ruf von sich und schnurrt sogar. Dann kann man ihr ohne Gefahr die Hand hinstrecken.

Sind die Ohren leicht seitwärts gestellt, während die Augen weit geöffnet sind oder rasch vielleicht von links nach rechts wandern, dann ist das Tier nervös und muß erst sanft und geduldig beruhigt werden, bevor man es zu berühren versucht. Nimmt dann das Gesicht den zuvor beschriebenen, aufmerksamen Ausdruck an, hat sich das Tier beruhigt. Wenn jedoch die Ohren nach hinten gestellt bleiben und die Augen sich verengt haben und einen direkt anblicken, dann ist die Katze nicht nervös, sondern nur sehr böse und in jedem Augenblick imstande, plötzlich vorzuspringen und zu beißen und möglicherweise zugleich mit den Krallen zuzuschlagen. Liegen die Ohren aber flach am Kopf, sind die Augen zu Schlitzen verengt und knurrt das Tier laut, dann befindet es sich ganz offensichtlich in einer gefährlichen Stimmung, und man sollte es in Frieden lassen. Solange man sich indessen außerhalb seiner Reichweite aufhält, kann es nützen, wenn man mit ihm spricht, damit es sich entspannt, vor allem wenn die aggressive Haltung im Grunde dadurch ausgelöst ist, daß es sich in fremder Umgebung befindet. Eine zusammengekauerte Katze mit flach angelegten Ohren und zu drohendem Knurren auseinandergezogenen Lefzen, kann man unmöglich anfassen; man muß warten, bis sie sich beruhigt hat, denn in einer solchen aggressiven Stimmung wird sie zum Angriff vorschnellen.

Auch der Schwanz der Katze ist sehr ausdrucksvoll. Wenn er hochgehalten wird und sich nur die Spitze etwas bewegt, dann ist die Katze liebenswürdig gestimmt. Wenn er steif hochsteht, ist sie etwas ängstlich, aber grundsätzlich bereit, Freundschaft zu schließen. Vorsehen sollte man sich, sobald der Schwanz aufgeplustert und zwischen die Beine gestreckt ist oder wenn er von einer Seite zur anderen peitscht. Eine sehr wütende und herrschsüchtige Katze wird nicht einmal ihren Schwanz aufplustern, sie wird ihn nur kurz vor dem Sprung hin und her peitschen und laut fauchen.

Katzen benutzen ihre Stimmen, um sich zu verständigen; selbst ein nicht darauf trainiertes menschliches Ohr kann ein ganzes Repertoire von Lauten unterscheiden. Die so erfolgende Verständigung ist unter Katzen sehr genau. Die Struktur des Ohres mit den vorgestellten, wachsamen und beweglichen Muscheln erlaubt es, die Richtung der Geräusche exakt zu erfassen, was ganz zweifellos ein Vorteil für Geschöpfe ist, die Dämmerungstiere sind, da sie in freier Wildbahn gern nachts auf die Jagd gehen. Ein scharfer, hoher Laut in ganz bestimmter Höhe stimuliert offenbar bei jungen

Kätzchen die Entleerung, es ist ein Laut, den die Katzenmutter während der Entwöhnung ausstößt, wenn sie ihre Jungen dazu anspornt, ihre Geschäftchen an einem bestimmten Ort zu machen. Der gleiche Laut wirkt sich, wie man entdeckt hat, bei erwachsenen Katzen als sexueller Anreiz aus. Leise raschelnde Geräusche sind für alle Katzen aufregend; anscheinend sind sie den Geräuschen ihrer Beute sehr ähnlich. Um die Umwelt der Kätzchen zu bereichern, kann man Zellophanpapier zerknautschen, das sich von selbst entwirrt; erstaunliche Wirkungen erzielt man auch, wenn man mit trockenem Stroh raschelt.

Katzen schnurren, wenn sie zufrieden sind, wie – das ist noch nicht ganz erforscht. Sie schnurren ebenfalls, wenn sie in den Endphasen einer schweren Krankheit große Schmerzen haben, eine Tatsache, die schon viele Menschen beruhigt hat, weil sie sich sagen durften, ihre Lieblinge hätten geschnurrt, als sie starben. Als saugende Katzenkinder lernen sie zuerst das Schnurren, dann lernen sie, es auch zu tun, wenn sie auf angenehme Weise von Menschen angefaßt werden. Häufig schnurren sie, wenn sie scheinbar schlafen, und überdies scheint Schnurren ansteckend zu sein, denn wenn eines der Jungen damit anfängt, schnurren die übrigen Kätzchen des Wurfs nach kurzer Zeit zufrieden im Chor mit.

Die Mutterkatze hat eine ganze Skala von Geräuschen zur Verfügung, die sie zur Verständigung mit den Kätzchen benutzt, vom leisen, sanften »prrrp«, auf das sie die Köpfe heben und zu ihr kommen, bis zu dem tiefen »MMMau«, das sie ausstößt, wenn sie den Kleinen irgendeine Beute oder einen Brokken Futter bringt und sie anregen will, festes Futter zu sich zu nehmen. Fehlt ein Kätzchen, dann gibt die Katzenmutter ein sehr lautes, hohes »Miauhh« von sich, das klagend ausschwingt.

Auch die Liebessprache der Katzen ist sehr mannigfaltig und umfaßt eine große Anzahl verschiedenster Laute. Der Kater macht ermutigende »prrp«-Geräusche, während er der Katze den Hof macht. Ihre präkoitiven Rufe sind laut, manchmal sind sie klagendes Gejammer und manchmal tiefe, traurige, einem Knurren ähnliche Schreie. Während der Begattung selbst ertönt häufig ein gräßliches Geheul, und in der Erholungsphase stößt die Kätzin kleine ärgerliche, scheltende und grollende Rufe aus.

Viele Geräusche, die Katzen von sich geben, von dem auffordernden Ruf vor der Tür, um hinaus- oder hereingelassen zu werden, bis zu dem schmeichelnden Miau, wenn die Katze meint, sie sollte nun endlich ihr Frühstück bekommen, sind für die Besitzer leicht zu verstehen. Der Schrei einer unglücklichen Katze ist auf weite Entfernung zu hören. Er wird aber meistens nur ausgestoßen, wenn sich das Tier in irgend etwas verfangen hat oder sich an einem fremden Ort eingeschlossen sieht, weshalb man oft Schwierigkeiten hat, eine verirrte oder verwundete Katze zu finden. Katzen schreien nur selten vor Schmerz, außer im ersten Schrecken, und sie akzeptieren Verletzungen mit weltabgewandter Standhaftigkeit. Katzenmütter schreien manchmal beim Gebären, das heißt, sie atmen stöhnend aus, was die verkrampften Muskeln zu lösen scheint, aber häufig schnurren sie auch während des ganzen, langen Geburtsvorgangs.

Viele Katzen scheinen sogar mit ihren Besitzern regelrecht zu »sprechen«. Besonders Siamkatzen sind stimmbegabt und haben klare, kräftige Stimmen. Viele lassen sich sogar zu Antworten herab, wenn man in einem ernsten, nicht spaßhaften Ton zu ihnen spricht, wobei sie sich verschiedener tonaler Ausdrucksformen und eines verschiedenen Sprachmelos bedienen. Andere europäische Arten bestreiten ganze Unterhaltungen mit ihren Eigentümern. Und die meisten Katzen werden mit einem Miau antworten, wenn sie mit ihrem Namen gerufen werden, sofern man sie dazu angehalten hat.

Das Geschlechtsleben

Obwohl manche Katzen nur im Frühjahr werfen, gibt es eigentlich keine bestimmten Jahreszeiten für die Brunst. Vor allem die europäischen Kurzhaarkatzen sind äußerst fruchtbar und würden, so man sie ließe, jedes Jahr drei oder vier Würfe zur Welt bringen. Wenn Katzen sich im Garten oder in Freigehegen uneingeschränkt bewegen können, hat das Wetter offenbar Einfluß auf den Brunstzyklus. Wenn jedoch weibliche Katzen in Räumen mit Zentralheizung gehalten werden, dann werden sie zu jeder Jahreszeit rollig. Katzen auf dem Land haben gewöhnlich einen Wurf Ende Februar oder Anfang März und einen zweiten im Juni oder Juli, und wenn es ein milder Herbst ist, vielleicht noch einen weiteren im September oder Oktober.

Kater wie Katzen erlangen die Geschlechtsreife in unterschiedlichen Altersstufen. Kater können im Alter zwischen sechs bis achtzehn Monaten geschlechtsreif werden; und man hat es schon erlebt, daß ein weibliches Kätzchen bereits mit sechzehn Wochen Anzeichen von Rolligkeit aufwies, während andere wieder still und ruhig blieben, bis sie fast zwei Jahre alt waren. Im ganzen scheinen sich die Siam- und kontinentalen Rassen früher als die britischen und die Perserkatzen zu entwickeln. Die meisten Weibchen werden offenbar im Januar oder Februar des ersten Jahres nach ihrer Geburt rollig, und – was jeder Besitzer eines Zuchtkaters bestätigen wird – eine milde, sonnige Periode im Winter nach einer langen Zeit kalten und feuchten Wetters hat stets eine Flut von Anrufen seitens verzweifelter Katzenbesitzer zur Folge, die unbedingt sofort ihre brünstig schreienden Katzendamen paaren wollen.

Sowohl weibliche wie männliche Katzen sind ihr ganzes Leben hindurch fortpflanzungsfähig, aber die besten Jahre der Fruchtbarkeit liegen beim Kater im Alter zwischen zwei und sieben und bei der Katze ungefähr zwischen zwei und acht Jahren. Geschlechtliche und physische Reife stimmen bei Katzen nicht immer überein. Eine Katze, die sehr jung zur Pubertät gelangt, sollte man vom Paaren zurückhalten, denn sie hat vielleicht nicht die Kraft, einen Wurf zu säugen und aufzuziehen. Wenn das ständige Brunstgeschrei keine Gefahr für die Gesundheit der jungen Kätzin darstellt, sollte man sie möglichst erst nach dem zehnten

Monat paaren, damit sie ein Jahr alt ist, wenn die Jungen nach einer Trächtigkeitsdauer von sechzig Tagen geboren werden. Günstiger ist es, wenn sie nicht geschlechtsreif wird, bevor sie über ein Jahr alt ist.

Die Entwicklung der Embryos verlangt der Mutterkatze einiges ihrer Kalziumreserven ab, und diese Substanz muß im Futter ersetzt werden, oder Verhaltensänderungen sind die Folge. Eine Mutterkatze, die zur Zeit des Werfens an Kalziummangel leidet, ist imstande, die Neugeborenen anzugreifen und zu töten. Ein Kalziummangel wirkt sich nämlich auf die Gebiete im Gehirn aus, die das Ausscheiden von Hormonen ermöglichen, welche ihrerseits die Milchproduktion und den Mutterinstinkt stimulieren. Auch die Milchproduktion mindert die Reserven des lebensnotwendigen Kalziums im Körper. Während Katzen, die in der Wildnis leben und ihre Beute mit Haut und Haar auffressen, eingeschlossen das kalziumreiche Skelett, reichlichen Ersatz für dieses hochwertige Mineral zu sich nehmen, weisen Hauskatzen, die nur mit Muskelfleisch gefüttert werden, häufig ernste Mangelerscheinungen auf. Katzen, die man zu oft Junge bekommen läßt, haben manchmal zwischen den Würfen nicht genügend Zeit, das verlorene Kalzium im eigenen Knochenbau zu ersetzen, und können infolge eines Milchstarr-

krampfs während des Säugens einen Schock bekommen und sterben.
Die Anzeichen für die Rolligkeit sind unschwer zu erkennen. Zunächst tritt die Phase ein, während der als Vorbereitung zur Paarung und einer möglichen Schwangerschaft Gebärmutter und Scheide feine Veränderungen erfahren. Die Schamlippen schwellen ganz leicht an, und das Verhalten der Katze ändert sich; sie wird ziemlich ruhelos, läuft im Haus umher und ist besonders liebevoll, wenn man sie auf den Arm nimmt. Die zweite Phase setzt drei bis fünf Tage nach der ersten ein; sie ist die eigentliche Brunstperiode, während der die Paarung stattfinden kann. Die Katze wird noch unruhiger und rollt sich am Boden. Sie schreit häufig, sieht aufgeregt aus dem Fenster und entkommt, wenn irgend möglich, aus dem Haus. Wenn diese Zeit den Höhepunkt erreicht, wird das Rollen heftiger und ekstatischer, und die Schreie werden drängender und tiefer im Ton. Ab und zu nimmt die Katze dann die Stellung der Paarung ein, und wenn man ihren Rücken berührt, wird sie mit den Hinterbeinen treteln und den Schwanz zur Seite halten. Findet keine Paarung statt, dann tritt zur großen Erleichterung des Besitzers das Ende der Brunst ein. Da keine Eiabsonderung stattgefunden hat, beruhigen sich die Fortpflanzungsorgane, und es beginnt die Phase

ohne Rolligkeit, das Stadium der Ruhe, bevor der nächste Zyklus wieder einsetzt.

Männliche Katzen haben keine Hitzeperioden und können jederzeit kopulieren, wenn sie einmal die geschlechtliche Reife erreicht haben, obwohl die Libido nach einer langen Krankheit oder einer geschäftigen Deckzeit niedriger liegen mag. Der Schrei einer rolligen Katze und der Geruch, der von ihr ausgeht, reizen den Kater, auch wenn die Katzendame außer Sicht ist. Man nimmt an, daß die höheren, für das menschliche Ohr nicht wahrnehmbaren Töne ganz besonders anziehend und aufreizend auf ihn wirken. Bestimmte Stellungen und das Rollen einer Katze findet er absolut unwiderstehlich.

Bei überwachten Paarungen von Zuchtkatzen nimmt der Besitzer der Zuchtkätzin Kontakt mit dem Eigentümer des ausgewählten Deckkaters auf, wenn die ersten Anzeichen der Rolligkeit erkennbar sind. Am zweiten oder dritten Tag der eigentlichen Rolligkeitsperiode, wenn die Katze die Paarungsstellung einnimmt, sobald sie gestreichelt wird, bringt oder schickt man sie zum Kater. Zuchtkater, die im Verzeichnis des jeweiligen Verbandes geführt werden, sind in geräumigen Gehegen im Freien mit einem luftigen Bau untergebracht, der ein besonderes Gehege für die besuchende Katze und einen weiten Auslauf hat. Die

Katzendame wird in das ihr zugedachte Gehege gesetzt, denn, obwohl sie darauf brennt, sich zu paaren, zeigt sie sich spröde, solange sie nicht an den Geruch des fremden Katers gewöhnt ist, und beißt oder kratzt ihn unter Umständen.
Im Gehege rollt sie sich und nimmt unter tiefen, werbenden Lauten die verschiedensten Stellungen ein. Dann zeigt sich der Zuchtkater sehr interessiert, sitzt da und beobachtet sie mit nach vorn gestellten Ohren und Barthaaren und antwortet ihr mit ebenfalls tiefen Sehnsuchtslauten. Er macht kleine Bewegungen auf die Katze zu, wobei er sich immer wieder und manchmal mit erhobener Pfote hinsetzt, bis nur noch der Drahtzaun die beiden Katzen trennt. Wenn die Dame dann zu erkennen gibt, daß sie zur Paarung bereit ist, und keinerlei Neigung zeigt, den Kater anzufauchen, wird die Trennwand entfernt, und die Tiere dürfen sich paaren.
Zuerst läuft der Kater von der Seite hinten an die Katze heran, während sie sich mit gesenktem Kopf und erhobenem Hinterteil, den Schwanz zur Seite gestellt, hinkauert. Er packt sie mit den Kiefern fest an der losen Nackenhaut und hält die Vorderbeine zu beiden Seiten ihres Körpers. Mit den Hinterbeinen bearbeitet er sanft ihren Rücken, damit sie das Hinterteil noch höher hebt.
Sobald sich die Katze entspannt, führt der Kater

sein Glied ein, woraufhin die Katze einen lauten, kreischenden Schrei ausstößt. Ein erfahrener Kater hält sie fest am Genick, während er ein paarmal vorstößt und ejakuliert. Dann läßt er die Katze los und springt weit fort. Sobald sie befreit ist, knurrt und faucht die Katze nämlich und dreht sich um, um nach dem Kater zu schlagen; dann rollt sie sich kräftig am Boden, häufig unter Knurren und Fauchen, bevor sie sich die Scham säubert. Auch der Kater putzt seinen Genitalbereich, meist auf einem hohen Stuhl oder einem anderen günstigen Platz, von dem aus er ein wachsames Auge auf die Katze in ihrem unberechenbaren Stadium haben kann. Ein paar Minuten später sind beide Katzen wieder bereit zur nächsten Paarung. Und dies wird sich, wenn man nicht eingreift, während der gesamten Periode der Rolligkeit fortsetzen.

Die Paarung freilaufender Katzen geht etwas anders vor sich, denn der Geruch und die Brunstrufe der Katze locken meist mehrere bereitwillige Kater aus der Nachbarschaft an. Sie machen der Katze zunächst den Hof. Unter großem Gekreische fordern sich die Männchen gegenseitig heraus, um sich das Erstlingsrecht zu sichern. Es brechen erbitterte und blutige Kämpfe aus, die häufig damit enden, daß alle Kämpfer erschöpft sind. Die Kätzin scheint sich an so viel Aufmerksamkeit zu ergötzen, rollt und verrenkt sich und posiert, bis sie schließlich von dem siegreichen Kater bestiegen wird. Danach rollt sie sich wieder, schreit und wird erneut vom Sieger bestiegen oder von dem nächsten in der Reihenfolge, denn sie wird sich auch während des folgenden Tages oder noch länger viele Male mit verschiedenen Katern paaren.

Kater werden, falls man nicht eingreift, die meiste Zeit ihres Lebens vom Geschlechtstrieb beherrscht. Der nicht kastrierte Kater ist kein sehr angenehmer Hausgenosse. Er scheint davon auszugehen, daß ihm die Besitzer lediglich Nahrung und Wohnung zwischen zwei Liebesabenteuern zu bieten haben. Er besteht viele heftige Kämpfe und erhält zahlreiche Narben. Die langen Eckzähne der Katzen können tiefe Wunden verursachen, die nur äußerlich verheilen, während in das Zellgewebe eingedrungene Bakterien sich vermehren und Abszesse bilden. Kater kämpfen heftig und in kurzen, scharfen Ausfällen. Zwei Kater beziehen Kampfposition, indem sie steifbeinig mit erhobenem Schwanz umeinander herumgehen, vielleicht die Stellen beschnüffeln, die der andere gerade bespritzt oder an denen er sich gerieben hat. Manchmal, wenn keine weibliche Katze dabei ist, reiben sie sich auch die Nasen oder beriechen den Anus des anderen.

Während sie ihre Kampfposition einnehmen, blasen sie ihre schon von Natur aus dicken Backen auf und machen einen Buckel. Das Fell an Rücken und Schwanz plustert sich auf, jedes einzelne Haar steht aufrecht. Dadurch sieht das Tier für seinen Gegner viel größer und furchteinflößender aus. Sie drehen sich seitwärts und zeigen sich dem Gegner auf diese Weise in ihrer ganzen Länge. Viel gedämpftes, leises Knurren ertönt sowie – meist bei dem nervöseren der beiden – sabbernde, schmatzende Geräusche.

Findet der Kampf tatsächlich statt, dann versuchen beide, den Gegner ins Genick oder in die Kehle zu beißen. Sie rollen übereinander und bearbeiten den Körper des anderen mit ihren Hinterfüßen, reißen große Stücke Fell heraus. Lassen sie dann voneinander ab, und versucht einer vielleicht davonzulaufen, wird der andere sich alle Mühe geben, ihn noch an der Schwanzwurzel zu verletzen. Viele Kater müssen wegen vier Abszessen um Schwanz und Hoden behandelt werden, wo die vier Eckzähne eines Gegners eingedrungen sind.

Indessen müssen Kater keineswegs immer kämpfen, wenn sie sich begegnen. Gelegentlich kann ein stärkerer seinen Vorrang dadurch bestätigen, daß er einen unterwürfigen Kater in die Halskrause beißt, ihn danach losläßt und von dannen schreitet. Ein Kater, der nicht kämpfen will, meidet einen stärkeren, oder er kauert sich hin und bietet ihm das Genick.

Die Katzenmutter

Die Kätzin ist eine vorbildliche Mutter, sie ernährt ihre Kinder gut und hält sie vom Augenblick der Geburt an sauber und zufrieden, bis sie in der Lage sind, die Welt allein zu meistern und sich zu behaupten. Von der Pubertät an ist die Katze auf Mutterschaft eingestellt, sie gelangt früh zur Reife und läßt niemals in ihrem beharrlichen Bemühen nach, einen passenden Partner zu finden. Kater haben im allgemeinen keinen Anteil an der Aufzucht des Wurfs, ihre Rolle besteht einzig und allein in der Auswahl des Stärksten und Geschicktesten und in der Befruchtung der Mutterkatze.
Die Ovulation bei Kätzinnen ist spontan, das heißt, der Eisprung erfolgt, nachdem sie vom Paarungsakt stimuliert sind. Wenn sie eingesperrt sind und an der Paarung gehindert werden, können Katzen unfruchtbar werden, weil nie ein Eisprung stattgefunden hat.
Von dem Augenblick der Empfängnis an bereitet

sich der Körper der Katze auf die Geburt der Jungen vor. Die von den Drüsen ausgeschiedenen Hormone verursachen ein bestimmtes Verhaltensmuster. Die Katze wird zunehmend wachsamer, um ihren ungeborenen Wurf vor Gefahren zu bewahren. Sie frißt eine Menge, selektiv, mit gutem Appetit, und bewegt sich viel und vorsichtig. Sie zupft die Spitzen ihrer Lieblingsgräser ab und geht zielbewußt und mit Genuß auf die Jagd. Sie pflegt sich mit größter Sorgfalt und schläft an einem verborgenen oder hochgelegenen Ort.

Gegen Ende der Tragzeit springt und bewegt sich die Katze mit noch mehr Behutsamkeit. Sie leckt ihre vergrößerten Zitzen häufig und gründlich, kann jedoch vielleicht das anale Gebiet nicht mehr erreichen. Jeder für die Geburt mögliche Ort wird erkundet. Der sorgende Katzenbesitzer wird eine geeignete Kiste und einen Haufen sauberen Zeitungspapiers bereitstellen, das die Katze zerreißen kann, um daraus ein ideales Nest für den Wurf zu machen. Zu diesem Zeitpunkt probiert die Katze verschiedene Plätze aus, bevor sie einsieht, daß die bereitgestellte Kiste doch vollkommen ist. Sie zerreißt vielleicht Kleidungsstücke, Schnittmuster, kostbare Bücher oder Papier, wenn man diese in halboffenen Schubladen liegen hat; Stoffe zerkleinert sie, indem sie sie mit den Pfoten hält und mit den Zähnen an ihnen zerrt, Zeitungen werden in winzige Stücke zerfetzt, und aus dem harten Haufen wird ein federweiches Lager.

Unmittelbar vor der Geburt wird die Katze ruhelos und geht vielleicht mehrmals auf ihr Katzenklo, ohne etwas zu leisten, wonach sie sich leicht erstaunt umsieht. Schließlich begibt sie sich in die vorbereitete Kiste. Die Eröffnungsphase der Geburt beginnt. Die meisten Katzen bekommen ihre Jungen problemlos, ob diese nun mit dem Kopf oder mit dem Schwanz voran zur Welt kommen. Steißgeburten scheinen ebenso üblich wie Kopflage und bereiten der Katze keine Schwierigkeiten. Als erstes entleert sich die Fruchtblase, deren Flüssigkeit den Geburtsweg erweitert. Die Mutterkatze leckt die ausgetretene Flüssigkeit auf. Wenn das erste Kätzchen geboren ist, leckt sie die Fruchthülle und das Fruchtwasser ab und massiert mit ihrer rauhen Zunge kräftig Leben in das winzige Geschöpf. Danach wird der Mutterkuchen abgestoßen und von der Katze aufgefressen, die auch die Nabelschnur bis etwa einen Finger breit vom Körper des Kätzchens mitfrißt. Die übrigen Kätzchen folgen nach und werden meist auf die gleiche Art und Weise behandelt.

Nach der Geburt des letzten Kätzchens säubert die Katze ihre Flanken und Schamgegend. Dann versammelt sie die Jungen unter sich, bevor sie ihren Körper seitlich um den Wurf herumlegt. Sie leckt

die Kleinen kräftig, treibt sie an, die Zitzen zu suchen, und entspannt sich dann schnurrend und ruht sich aus.
Zur Zeit der Geburt ist in der Mutterkatze jeder Trieb, zu jagen oder Beute zu fressen, unterdrückt, und dies ist auch der Grund dafür, daß Katzen, die gerade geworfen haben, fremde Neugeborene zum Säugen akzeptieren. Selbst Ratten, Mäuse und Eichhörnchen, die sie normalerweise sofort töten würden, werden in diesem Zustand angenommen und umsorgt. Das Fressen der nährstoffreichen Placenta ermöglicht es einer frei lebenden Mutterkatze, zumindest vierundzwanzig Stunden lang im Nest zu bleiben und wieder zu Kräften zu kommen. In jedem Fall haben Katzenmütter, die den Mutterkuchen auffressen, eine bessere Milchproduktion als jene, die als Folge der Domestizierung während des Geburtsprozesses nicht zu wissen scheinen, was sie tun sollen.
Die Katze läßt ihren Wurf nie sehr lange allein und verläßt das Nest nur, um sich zu entleeren und zu fressen. Sie stimuliert die Kleinen zum Urinieren und zum Stuhlgang, indem sie sie nach dem Säugen leckt; die Ausscheidungen werden aufgefressen, so daß das Nest makellos sauber bleibt.
Wenn die Kätzchen ungefähr drei Wochen alt sind, beschließen die meisten Katzenmütter, sie an einen anderen Ort zu bringen, und scheuen keine Mühe

dieses dringende Bedürfnis zu befriedigen. Die Mutter packt jedes Kätzchen mit den Kiefern am Nacken und transportiert es mit erhobenem Kopf entschlossen und behutsam, breitbeinig, damit es nirgends anstößt. Eins nach dem anderen werden die Kätzchen in ihr neues Domizil gebracht. Wenn sie auf diese Weise hochgehoben werden, sind die Kleinen auf der Stelle völlig schlaff, halb betäubt, und bleiben ruhig, bis sie wieder abgesetzt sind.

Ungefähr vier Wochen lang lassen die Katzenmütter ihren Jungen praktisch ihre ungeteilte Aufmerksamkeit zukommen. Danach befassen sie sich weniger mit ihnen. Die meisten bringen kleine Brocken Nahrung ins Nest und ermutigen die Kätzchen, sie zu fressen; außerdem versuchen sie, den Kleinen zu zeigen, wo sie sich hinbegeben sollen, um ihre Geschäftchen zu erledigen. In diesem Stadium der Entwicklung der Kätzchen benutzt die Mutter eine ganze Skala von sprachlichen Ausdrucksformen, und sie spielt mit den Kleinen, um Reflexe und Jagdverhalten zu üben. Sie ruft nach den Kätzchen, wenn sie ihr bei kurzen Ausflügen aus dem Nest folgen sollen. Aber sobald eines Anzeichen von Unbehagen zeigt, nimmt sie es rasch ins Maul und trägt es ins Nest zurück. Führen sich die Kinder besonders geräuschvoll auf oder belästigen sie die Mutter zu sehr durch Bisse in Hals und Schwanz, dann bringt sie sie mit fester

Pfote zur Ruhe und straft einen besonders Unartigen vielleicht sogar mit einem wohlgezielten Klaps. Immer wieder rollt sie sich herum. Wenn die Kleinen zu saugen versuchen, hält die Mutter sie mit den Vorderpfoten in Schach und versetzt ihnen kleine scharfe Bisse in den Hals, bearbeitet sie jedoch gleichzeitig sanft mit den Hinterbeinen, um ihnen anzuzeigen, daß es Zeit für sie ist, festes Futter zu sich zu nehmen.

Selbst wenn die Kätzchen praktisch entwöhnt sind, wird die Mutterkatze sie noch immer sehr gründlich putzen, und zum Dank lecken sie ihr häufig Gesicht und Hals. Und sie verhält sich auch, wenn Fremde oder ungewohnte Geräusche oder Gerüche auftauchen, durchaus weiterhin beschützend. Jedes ungewohnte Geräusch veranlaßt die Katzenmutter, wachsam und aufgeregt im Zimmer umherzulaufen, was die Kleinen als Zeichen nehmen, in Deckung zu gehen – vielleicht des deutlichen Knurrens der Mutter wegen.

Die Minderung der Kalziumreserven im Knochenbau der Mutter ist der Grund dafür, daß sie um diese Zeit die Kätzchen am Saugen hindert, obwohl sie noch bereit ist, sie zu säubern und zu beschützen. Während sie sie leckt, versuchen die Kätzchen zu saugen, aber das verhindert die Mutterkatze, indem sie sich entschlossen hinsetzt, alle vier Beine so eingezogen, daß die Kleinen nicht saugen können. Sind die Kätzchen sehr lästig, dann springt die Katze auf einen günstig gelegenen hohen Platz, von dem aus sie die Kinder bewachen kann, wohin sie ihr jedoch nicht folgen können.

Schließlich werden die Kätzchen eines Tages völlig unabhängig, und wenn die Katzenmutter auch noch immer sofort angelaufen kommt, sobald eines von ihnen unglücklich ruft, stellt sie sich doch schon auf ihre nächste Familie ein. Ihre Hormone bereiten den Körper für die Rolligkeit vor, und wenn diese tatsächlich einsetzt, ist sie bereit und gewillt, sich erneut zu paaren.

Die Rolligkeit setzt fast spontan ein, wenn ein Wurf stirbt; sofort danach paart sich die Katze wieder und wird trächtig. Manchmal indessen wird sie auch, nachdem sie ihren Wurf verloren hat, alles und jedes bemuttern wollen; sogar eine andere erwachsene Katze kann dann angegangen, am Hals gepackt und energisch zur Wurfkiste gezerrt werden. Man kann in solchen Fällen zum Trost Spielzeug und warme wollene Gegenstände wie Socken und Handschuhe in die Kiste legen. Glücklicherweise stellt das hormonale Gleichgewicht bei der Mutterkatze die normale Verfassung bald wieder her, und wenn sie nicht krank oder zu schwach ist, kann man sie bei der nächsten Rolligkeit abermals paaren.

Jagen, Töten, Fressen

Man hat unsere Hauskatze den »Tiger am Herd« genannt, und obwohl sie das zahmste, sanfteste und liebevollste aller Haustiere sein kann, hat sie eine angeborene Liebe zum Jagen, die ihre Ernährung sichert, die sie aber auch spielerisch einsetzt. Auch eine gut genährte, verwöhnte Katze wird gelegentlich aus rein »sportlichen« Gründen auf Beutefang ausgehen. Gut genährte Bauernkatzen jagen im allgemeinen sogar besser als gänzlich freilaufende, die auf sich allein angewiesen sind. Trotz der langen Zeiten der Domestizierung weist die Katze beachtliche Fähigkeiten auf, andere kleine Tiere, Vögel, Frösche und Insekten, von denen sie manche verzehren mag und andere vielleicht ihrem Besitzer als Trophäen präsentiert, aufzuspüren, zu beschleichen, zu fangen und zu töten.
Ein räuberisches Verhaltensmuster zeigt sich bereits bei jungen Kätzchen, wenn die Mutter kleine Brocken fester Nahrung ins Nest bringt und dabei

den typischen, erregten Ruf ausstößt, um die Aufmerksamkeit der Jungen auf die Brocken zu ziehen. Sie schlägt mit der Pfote auf das Futter oder stößt es im Nest herum und reizt so die Kleinen, sich darauf zu stürzen, bevor sie es fressen.

Die Kätzchen üben sich mit ihren Geschwistern in Jagdbewegungen, ducken sich abwartend, bevor sie aufeinander losspringen und sich scharfe Bisse in die Halsgegend versetzen. Die Mutterkatze fördert solche Jagdspiele, indem sie lockend den Schwanz hin und her bewegt und den Kätzchen zeigt, wie man zubeißt und festhält.

Fast jede Katze jagt, wenn sie Gelegenheit dazu hat, es sei denn, man hat sie so dick werden lassen, daß die Bewegung Herz oder Lungen überanstrengt. Meistens jagt eine Katze allein, aber es kommt auch vor, daß zwei oder mehrere befreundete Katzen gemeinsame Jagdausflüge unternehmen. Zwei getigerte Katzen, Mutter und Sohn, die unzertrennlich waren, jagten beispielweise Waldtauben gemeinsam. Die Mutter kletterte auf die Kiefern und stieß die schlafstarren Tiere hinunter, die unten sofort von ihrem Sohn getötet wurden, woraufhin sich beide in die Mahlzeit teilten.

Gewöhnlich jagen Katzen in ihrem eigenen Revier. Ländliche Katzen haben zumeist einen bestimmten Wald oder ein Lieblingsgehölz, das sie ab und zu aufsuchen. Sie ziehen es vor, am frühen Morgen oder in der Dämmerung zu jagen, und haben bei schwachem Licht eine außerordentlich gute Sehkraft. Das scharfe Gehör hilft ihnen, kleine Tiere zu orten; Schnurrhaare wie die Haarbüschel am Ohr und die Gesichtshaare sorgen mit dafür, daß sich die Katze sicher und leicht durch dichtes Unterholz bewegt. Ist die Beute genau lokalisiert, stößt sich die Katze mit ihren kräftigen Hinterbeinen ab, der stromlinienförmige Körper schießt auf die Beute zu, die ausgefahrenen Krallen packen das Opfer, und die scharfen Eckzähne töten es rasch mit jenem gutgeübten Nackenbiß, der schon bei den Spielen im Nest erlernt wurde. Wenn keine Gefahr besteht, daß das Beutetier entwischen kann, überläßt sich die Katze vielleicht ihrer uns unsympathischen Gewohnheit, mit dem Opfer zu spielen, bevor sie ihm den tödlichen Schlag versetzt. Katzenmütter bringen ihre Beute häufig als Übungsobjekt lebendig zu ihrem Wurf.

Wenn die Katze Vögel in mehr oder weniger offenem Gelände jagt, schleicht sie sich vorsichtig an. Zunächst nähert sie sich den Vögeln so leise und so nahe wie möglich, ohne sie aufzuscheuchen; sie legt Körper und Kopf (mit angelegten Ohren) flach an den Boden und gleitet mit geradezu fließenden, unmerklichen Bewegungen auf die fressende Vogelschar zu. Ist sie dann nahe genug herangekommen, um zuzuschlagen, spannt sie die Hinterbeine

unter dem Körper, der Schwanz peitscht von einer Seite zur anderen, die Hüften schwingen hin und her, Kraft wird aufgebaut und losgelassen, wenn die Katze vorstürzt und das Opfer mit den Vorderpfoten packt und mit dem Nackenbiß tötet.
Katzen mögen nur frisch getötetes Fleisch. Wenn sie beschließen, die Beute zu verzehren, fressen sie gewöhnlich die Eingeweide zuerst. Eine säugende oder trächtige Katze frißt meistens den gesamten Kadaver von Mäusen oder Vögeln mitsamt dem Fell oder den Federn und Knochen und bricht dann vielleicht später die unverdaulichen Teile wieder aus. Wildkatzen fressen wahrscheinlich nur zwei- oder dreimal in der Woche, fressen sich bei jeder Mahlzeit satt und fasten danach, bis sie vom Hunger dazu getrieben werden, wieder zu töten. Wegen des hohen Flüssigkeitsgehalts frischer Beute brauchen wild lebende Katzen nur selten zu trinken, während Hauskatzen, die mit einer unnatürlichen Kost (zumal Trockenfutter) ernährt werden, jederzeit mit frischem, sauberem Trinkwasser versorgt werden müssen.
Jagen bedeutet für die Katze mehr als nur ein Mittel, ihren Hunger zu stillen, was sich auch darin zeigt, daß sie oftmals jagt und tötet und die gesamte Beute ihrem Besitzer als Geschenk zu Füßen legt. Die Jagd- und Tötungsinstinkte sind angeboren, und man sollte einer auf dem Lande lebenden Katze

nicht die Möglichkeit zu gelegentlichem Jagen verwehren. Katzen, die in Wohnungen leben, kann man einen gewissen Ausgleich für den Sport verschaffen, indem man Jagdspiele veranstaltet. Man kann eine mit Katzenminze getränkte Spielmaus an einer Schnur um Möbel herumziehen oder unter Kissen verstecken, mit Federn spielen oder Bällchen aus Papier werfen – alles trägt dazu bei, den Mangel an Bewegung auszugleichen, welche die Jagd sonst mit sich bringt.

Wenn die Katze mit ihrer Beute spielt, scheint sie oft ihre Jagd- und Fangtechniken zu üben, und selbst nach dem Gnadenbiß ist sie häufig noch in einem höchst erregten Zustand. Eine dermaßen erregte Katze wird die Maus oder den Vogel weiter in die Luft werfen, sich drehen und wenden und sich immer wieder auf die tote Beute stürzen, abwechselnd mit den Vorder- und Hinterbeinen heftig auf sie einschlagen und eine ganze Serie von raschen Bißbewegungen an ihrem Hals vollführen. Das tote Tier wird vielleicht unter ein niedriges Möbelstück gestoßen, die Katze schießt hinterher und taucht zu ihm hinunter, streckt die Vorderpfote unter das Hindernis Kante, um die Beute wieder hervorzuangeln. Die Bewegungen des Angelns kann man auch beobachten, wenn man etwas lokkendes Futter in einen engen Krug gibt, der zu klein ist, als daß die Katze ihren Kopf hineinstek-

ken könnte. Das kluge Tier wird dann mit der Vorderpfote hineinlangen und sich den Leckerbissen geschickt mit den Krallen herausfischen.
Sehr spezialisiert ist das Gebiß der Katze: Die langen, spitzen Eckzähne eignen sich zum Töten, Packen und Reißen der Beute. Die scharfen, kleinen vorderen Backenzähne werden benutzt, um kleine Teile des Fleisches abzureißen, die dann unzerkaut verschluckt werden. Die Kiefer lassen ein Zermahlen der Nahrung nicht zu, da sie in besonderer Weise im Schädel aufgehängt sind und die Katze nur wenige Backenzähne hat. Es ist wichtig, daß man ab und zu Knochen und größere Fleischstücke füttert, um Zähne, Zahnfleisch und Kiefer in gutem Zustand zu erhalten. Eine nur aus weichem Dosenfleisch bestehende Ernährung ist das sicherste Mittel, das Maul der Katze zu ruinieren.
Aber ein wenig Nachdenken über die natürlichen Instinkte beim Jagen, Töten und Fressen sollte es einem möglich machen, dem Tier einen Ausgleich für das Jagen und Töten durch Spiele, Spielzeug und sonstige Zerstreuungen zu verschaffen und dafür zu sorgen, daß unsere Katze eine ausgeglichene und vernünftige Ernährung bekommt, die Zähnen und Kiefern genügend gesunde Betätigung abverlangt. Bei kleinen Kätzchen indessen muß man bedenken, daß sie Jagen und Töten von allem

Anfang an geübt haben und daß viele Gegenstände im Haushalt, die ein Kätzchen als jagdbar betrachtet, ihm großen Schaden zufügen können.
Ein Faden in einer Nähnadel, die in einer Decke auf einem kleinen Tisch steckt, ist für ein Kätzchen ausgesprochen aufregend. Es wird nach dem Faden schlagen und an ihm herumkauen und ihn vielleicht zum Schluß verschlucken. Der Rest des Fadens geht dann auch durch den Schlund und mit ihm die Nadel, die damit aus der Decke gezogen wird. Bevor man weiß, was los ist, hat man es mit einem verzweifelten Kätzchen zu tun, das eine Nähnadel verschluckt hat. Auch mit Gummibändern, die auf den Boden gefallen und dort liegengelassen worden sind, wird gespielt, sie werden aufgefressen und verursachen schlimme Magenprobleme. Herunterhängende elektrische Schnüre, die zur Einrichtung im Haus gehören, sind ein aufregender Beuteersatz für ein Kätzchen, das sich darauf stürzt und an ihnen mit seinen kleinen scharfen Zähnen herumnagt. Steckt eine solche Schnur in einer Steckdose, können die Zähne eine Verbindung zwischen den Drähten verursachen, und das Kätzchen erhält einen tödlichen Schlag. Viele Gegenstände, die uns selbstverständlich sind, können sich als gefährlich, ja als tödlich für das Kätzchen erweisen, das seinen angeborenen Instinkten des Anschleichens und Jagens nachgeht.

Schlafen und Putzen

Wenn man sich etwas Zeit nimmt, das Verhalten unserer Katzen zu beobachten, stellt sich sehr bald heraus, daß sie einen beträchtlichen Teil ihres Daseins mit Schlafen und gründlichem Putzen nach jeder Mahlzeit verbringen. Katzen scheinen fähig, zu jeder Tages- oder Nachtzeit zu schlafen und bei jeder Temperatur, wenn sie auch einen warmen, vor Luftzug geschützten Platz entschieden bevorzugen. Selbst wenn man ihnen einen luxuriösen Katzenkorb mit Decken und Tüchern zur Verfügung stellt, wird dieser wahrscheinlich links liegengelassen zugunsten eines bestimmten Pappkartons, eines erhöhten Bords oder eines Lieblingsstuhls. Weiche oder Härte der Schlafunterlage scheint für die schläfrige Katze unerheblich, man trifft sie an auf Regalen aus Drahtgeflecht, aus rauhen Ziegelsteinen und auf den Kohlen im Keller.

Der Schlaf der Katze ist im Zuge der wissenschaftlichen Forschungen über Schlafmuster und Schlaf-

verhalten des Menschen genau studiert worden, und man hat dabei entdeckt, daß es bei Katzen zwei ganz verschiedene Typen von Schlaf gibt. Bei den Nickerchen, die in unregelmäßigen Abständen während des Tages stattfinden, handelt es sich um einen leichten Schlaf, bei dem der Blutdruck sich gegenüber dem Wachzustand nicht ändert. Die Muskeln sind leicht angespannt, und die Temperatur fällt ein wenig. Elektroenzephalogramme, EEGs genannt, die während dieser Perioden aufgezeichnet werden, zeigen die Charakteristiken von »langsamen« Wellen. Wenn der Schlaf tiefer wird, entspannt sich der Muskeltonus, der Blutdruck fällt allmählich, die Temperatur des Blutes steigt, und die EEG-Ableitung zeigt kurze, scharfe Wellen. Im tiefen oder paradoxen Schlaf (REM-Schlaf) kommt ein Abwehrmechanismus ins Spiel, das Gehör ist dann besonders geschärft. Ein plötzliches Geräusch alarmiert die Katze aus tiefem Schlaf zu sofortiger Wachheit.
Im Tiefschlaf können Katzen träumen. Die Augenlider zucken, während sich die Augen rasch bewegen, das Tier schnurrt oder murrt vor sich hin, die Pfoten zucken vielleicht, und die Beine rühren und bewegen sich, als liefe oder springe es. Auf diesen Schlaftypus entfällt ungefähr ein Drittel der Gesamtschlafzeiten der Katzen, und es ist sehr wichtig, daß die Voraussetzungen dafür – Ungestörtheit

und Stille – vorhanden sind, denn gerade diese Phasen sind wichtig für Gesundheit und Wohlbefinden des Tieres. Neugeborene Kätzchen verbringen die erste Woche fast ganz im Tiefschlaf.

Obwohl man weiß, daß dieser paradoxe Schlaf für die Katze wie für den Menschen lebenswichtig ist und daß das Träumen, das dabei vor sich geht, ebenfalls notwendig ist, versteht man noch nicht ganz, warum das nun so ist. Durch Experimente, bei denen man Katzen diesen tiefen Schlaf mehrere Wochen lang vorenthielt, stellte man fest, daß ihr Herzschlag sich beschleunigte und die Tiere, als man ihnen nach der Versuchszeit wieder erlaubte zu schlafen, wann sie es wünschten, sehr lange Perioden im Tiefschlaf verbrachten, als wollten sie ihn nachholen. Erst nach einiger Zeit, nachdem der gewohnte Wechsel zwischen leichtem und tiefem Schlaf wieder eingetreten war, schlug auch das Herz wieder normal. Katzen, denen man zwanzig Tage lang den Tiefschlaf vorenthalten hatte, brauchten zehn Tage, um zum Normalzustand zurückzukehren. Heute glaubt man, daß Träume dann auftreten, wenn das Gehirn die Geschehnisse des Tages durchgeht und deren wichtige Teile im Langzeitgedächtnis speichert und sie mit älteren Informationen koppelt. Das könnte zur Klärung der Frage beitragen, warum das neugeborene Kätzchen nur Tiefschlafperioden hat, unmittelbar aus diesem Zustand zum Wachzustand übergeht, um dann gleich wieder tief einzuschlafen, und erst im Alter von ungefähr vier Wochen anfängt, Perioden leichten Schlafs zu haben, was zusammenfällt mit der Vervollständigung des Verschaltungssystems im Gehirn.

Die Stellungen, die Katzen einnehmen, bevor sie sich zum Schlafen niederlassen, sind sehr unterschiedlich; manche strecken den Bauch heraus, manche legen sich auf die Seite, andere kuscheln sich zusammen. Je niedriger die Temperatur ist, um so enger rollen sie sich ein, den Kopf unter den Schwanz gesteckt oder den Schwanz über den Kopf gelegt, alle vier Pfoten säuberlich unter sich verstaut. Viele Katzen schlafen gern mit hinunterhängendem Kopf, und manche legen ihre Vorderpfoten über die Augen, als wollten sie das Licht abwehren. Kleine Kätzchen brauchen sehr viel Schlaf und scheinen manchmal mitten in einem aufregenden Spiel umzufallen und einzuschlafen. Sie nehmen dabei jede nur erdenkliche Lage ein, kriechen aber gern zu einem wirren Haufen zusammen und verschaffen sich damit gegenseitig zusätzliche Körperwärme.

Wenn sie aus dem Schlaf erwacht, streckt die Katze geschmeidig ihren Körper, spannt jeden Muskel und streckt die Krallen der Vorderpfoten aus. Sie spannt vielleicht auch die Kiefermuskeln zu einem gewaltigen Gähnen. Dann ist sie bereit zur Aktion. Zuweilen beschließt die erwachte Katze aber auch, erst einmal die komplizierte und sehr gründliche Prozedur des Putzens zu absolvieren, vor allem, wenn sie in der prallen Sonne oder unter einer Infrarotlampe geschlafen hat. Anscheinend stimuliert die Wirkung von Licht und Wärme den Putztrieb.

Zum Putzen benutzt die Katze Zunge und Pfoten. Die mit kleinen Wärzchen, genannt Papillen, bedeckte Zunge ist rauh und wird eingesetzt, um das Fell äußerst gründlich zu säubern. Die Prozedur, die von den meisten Katzen nach dem Essen und beim Erwachen durchgeführt wird, geht nach dem gewohnten Strecken und Recken der Muskeln vor sich. Dann setzt sich die Katze auf und fährt sich mit der Zunge über die Lippen. Nachdem sie eine Pfote ganz feucht geleckt hat, benutzt sie diese, um Gesicht und Kopf zu waschen, reibt sich die Ohren und Augen aus und säubert die Seiten neben der Nase.

Zuerst wird die eine Seite des Kopfes geputzt, dann die andere. Die Zunge tritt sodann in Aktion, um jede Schulter und Vorderpfote zu waschen, die Zähne werden häufig zu Hilfe genommen, um Verfilzungen im Fell oder irgendeine Substanz, die im Fell oder zwischen den Zehen klebt, zu entfernen. Anschließend kommen die Flanken und die

Schamgegend dran, danach die Hinterbeine und schließlich der Schwanz.

Manche Katzen waschen sich sehr viel, während andere diese Angelegenheit der Hygiene nur betreiben, wenn es wirklich notwendig ist. Die meisten Katzen lecken und putzen sich, nachdem sie von Fremden liebkost oder gestreichelt worden sind, als wollten sie den fremden Geruch aus dem Fell herauswaschen. Befreundete Katzen überlassen sich gegenseitiger Pflege, jede widmet sich den Stellen, an die die andere nicht herankommt. Das lieben Katzen sehr. Und nach einer Mahlzeit lecken sie sich auch oftmals gegenseitig die Gesichter ab, bevor sie sich zum Schlafen niederlegen.

Katzenmütter putzen ihre Jungen vom Augenblick der Geburt an, wobei die rauhe Zunge eine doppelte Funktion erfüllt: Sie säubert Gesicht und Kopf des Kätzchens von den Spuren der Fruchtblase und des Fruchtwassers, das eingeatmet werden könnte, und außerdem massiert sie das Kätzchen kräftig von Kopf bis Schwanz. Die Katzenmutter beutelt und trocknet das Fell der Kleinen und regt damit deren Atmung und Kreislauf an. Sie leckt dabei derart kräftig, daß das Neugeborene häufig etwas hochgehoben wird. Außerdem befreit sie das Nest von allen Blut- und Schleimresten der Geburt.

Später leckt die Katzenmutter dann die Schamgegend der Jungen regelmäßig und regt sie auf diese

Weise an, Blase und Darm zu entleeren. Die Bemühungen werden fortgesetzt, bis die Kätzchen festes Futter zu sich nehmen können und fähig zu sein scheinen, diesen Aufgaben ohne Anreiz nachzukommen. Ganz winzige Kätzchen fangen bereits im Alter von ungefähr drei Wochen an, sich selbst zu putzen, manche sogar noch früher; sie lecken an ihren Pfötchen und Schwänzchen und an den Gesichtern ihrer Wurfgenossen.

Bei verwaisten Katzenkindern müssen die Aufgaben der Katzenmutter von den menschlichen Pflegeeltern übernommen werden. Nicht nur müssen die Jungen ein sorgsam zusammengestelltes Futter erhalten, sondern man muß auch Ersatz schaffen für die ganz wesentlichen mütterlichen Beleckungsdienste. Mit warmen, feuchten Wattebäuschen wischt man gründlich Gesicht und Mund der Waisen ab und reibt dann den Körper vom Kopf bis zum Schwanz. Ein frisches Stück Watte wird befeuchtet und ausgedrückt und damit dann die Schamgegend abgewischt, wobei man die Methode der Katzenmutter kopiert und das Kätzchen dazu bringt, Urin und Stuhlgang in den Wattebausch zu entleeren. Danach kann man das winzige Tier in eine warme Kiste zum Schlafen legen.

Kranke Katzen waschen sich oft nicht mehr, und es liegt dann an ihrem Besitzer, als Krankenschwester diese wichtige Funktion zu übernehmen, bis die Gesundheit des Tieres wiederhergestellt ist. Viele Katzen, vor allem diejenigen, die schwer unter Katzengrippe leiden, sterben nicht allein durch die Krankheit, sondern weil sie den Lebenswillen verlieren. Diesen Willen kann man der Katze durch liebevolle und kluge Pflege zurückgeben. Eine Katze mit Katzengrippe fühlt sich meist tatsächlich sehr krank, hat Fieber und eine Verstopfung der Atemwege und Lungen. Augen und Nase sind voller Schleim, der Schlund ist vereitert und wund. Die Katze will nur in Ruhe gelassen werden, um in Frieden zu sterben. Sie kann weder sehen noch riechen, und der Schlund ist zu wund, als daß sie ohne Schwierigkeiten Nahrung hinunterschlucken könnte. Wenn der Besitzer das Tier dann mit nahrhaftem flüssigem Futter zwangsernährt hat, muß er die verklebten Augenlider und Nasenlöcher baden und mit Vaseline säubern, um zu verhindern, daß die empfindlichen Gewebe aufspringen. Honig, den man auf kleinen Spateln verabreicht, lindert die Entzündung im Schlund; sodann sollte man das Tier am ganzen Körper behutsam bürsten und massieren, die Glieder beugen und strecken, und die analen Gebiete mit einem Schwamm vorsichtig waschen. Fest in warme Decken gehüllt, sollte man die kranke Katze zu ihren Lieblingsplätzen im Garten tragen. Nach dieser Art besonders zärtlicher Pflege haben

sich vom Tierarzt »aufgegebene« Katzen manchmal wieder völlig erholt.
Wenn Katzen schmutzig werden oder von giftigen Substanzen verunreinigt sind, dann müssen sie gebadet werden, wofür man besonders für sie geeignete Shampoos und angenehm warmes Wasser benutzt. Ein Ammenmärchen behauptet, man verhindere dadurch, daß man eine Katze badet, daß sich das Tier jemals wieder selber wäscht; das stimmt einfach nicht. Nach einem schönen Bad und sorgsamen Spülen rubbelt man die Katze mit einem groben Frottiertuch so trocken wie möglich und kämmt dann das Fell. Das erste, was die Katze danach tun wird, ist, daß sie sich kräftig am ganzen Körper und vorsichtig jede Pfote einzeln schüttelt; dann setzt sie sich hin, um sich still und methodisch zu lecken und jedes einzelne Haar zu putzen, bis alles wieder schön trocken ist.

Ungewöhnliches Verhalten

Bevor wir uns dem ungewöhnlichen Verhalten von Hauskatzen zuwenden, sollten wir uns darüber klarwerden, was wir denn unter normalem Verhalten verstehen. Dabei gilt es, die angeborenen und natürlichen Instinkte des Tieres in freier Wildbahn zu berücksichtigen, aber auch Maßstäbe für unsere Erwartungen hinsichtlich ihrer Anpassung an ein Leben mit uns zu sehen. Das Leben der Wildkatze ist in erster Linie geprägt vom Jagdverhalten (zur Versorgung mit Nahrung), vom Geschlechtstrieb (zwecks Fortpflanzung) und vom Selbsterhaltungstrieb (für Zeiten, in denen das Raubtier vorübergehend selber zur Beute werden könnte).

Wir versorgen unsere Katzen mit Nahrung, wir kastrieren sie, um die Notwendigkeit oder das Bedürfnis zur Fortpflanzung auszuschalten, oder aber wir züchten sie selektiv und weit entfernt von allen natürlichen Bedingungen, und wir schützen sie vor Unfällen und Gefahren wie extremen Temperaturen und allem, was ihnen schaden oder sie verletzen könnte. Es ist daher kaum verwunderlich, daß manche Katzen ein seltsames oder anormales Verhalten an den Tag legen.

Falsches oder unangemessenes Futter kann merkwürdige Verhaltensmuster zur Folge haben. Das Gehirn braucht die richtige Nahrung, und die sich ständig erneuernden Körperzellen brauchen einen richtig funktionierenden Stoffwechsel. Ein Mangel an bestimmten Vitaminen und Mineralien kann nervöse Störungen bewirken; andererseits können derlei Symptome wieder verschwinden, wenn man – unter Aufsicht des Tierarztes – dem Futter Vitamine zusetzt. Epilepsie-ähnliche Anfälle traten bei Katzen auf, denen man für Hunde bestimmtes Fleisch gegeben hat, welches das Konservierungsmittel Benzoesäure enthielt. Hunden macht Benzoesäure nichts aus, aber Katzen, die Futter mit dieser Substanz fraßen, wurden vollkommen wild und hysterisch. Manche litten unter Konvulsionen, andere hatten Muskelkrämpfe und schienen blind geworden zu sein. Die meisten starben oder mußten auf »humane« Weise getötet werden, nur ein paar wenige hatten Glück und erholten sich allmählich wieder.

Ein Schock oder Trauma kann ebenfalls schwerwiegende Störungen hervorrufen. Während des Krieges hat man es oft erlebt, daß Katzen durch den

Geräuschpegel von Bombenangriffen oder Gewehrfeuer derart verstört waren, daß sie sich in dunkle Ecken verkrochen und entweder dort starben oder, wenn man sie herauszog, eingeschläfert werden mußten, weil man feststellte, daß sie nicht mehr gesund werden konnten. Sogar unerfahrener oder grober Umgang mit ihnen oder vielleicht eine schmerzhafte Behandlung durch den Tierarzt ohne angemessene Betäubung können bewirken, daß eine Katze aus dem Gleichgewicht gerät und unberechenbar wird; und mancher Katze wird ihr für gewöhnlich umgängliches Temperament für immer ruiniert, wenn man sie bei Katzenausstellungen rauh behandelt oder erschreckt.

Ein ernsthafter Schock kann auf einen Kampf mit einer anderen Katze oder mit einem Hund folgen oder ausgelöst werden, wenn die Katze bei einem Unfall auf der Straße gerade noch einmal davongekommen ist. Die Symptome sind Depression und Teilnahmslosigkeit, Appetitlosigkeit, hohe Pulsfrequenz und feuchte Fußballen. Die Katze versucht sich dann vielleicht zu verstecken, sie zittert, die Pupillen erweitern sich, und häufig reagiert sie überempfindlich auf jede Berührung. Als einzige Therapie bei einem derart schweren Schock kann man das Tier vorsichtig in einem Handtuch oder einer Decke hochnehmen, um zu vermeiden, daß man gebissen oder gekratzt wird, und es in einem sicheren Tragkorb an einen warmen, dunklen Ort bringen, wo es absolute Ruhe hat. In solchen Fällen mag eine tierärztliche Behandlung mit Beruhigungsmitteln notwendig sein, und sehr oft entwikkeln die Tiere im Anschluß an Erfahrungen dieser Art krankhafte Ängste.

Bei hochgradig nervösen Katzen können Reaktionen auf Schocks zu völligem Zusammenbruch und plötzlichem Tod führen, vor allem bei Tieren, die zu »vermenschlicht« worden sind. Auch wenn Katzen – zwecks Untersuchung oder Verabreichung einer Spritze durch den Tierarzt – zwangsweise ruhiggestellt werden, kann das Nervensystem überreizt und ein Schockzustand ausgelöst werden.

Selten, aber belegt, ist der Scheintod, in den sich manche Katzen flüchten, wenn sie durch einen Feind aufs höchste alarmiert oder überrascht werden. Die Katze begibt sich in einen katatonischen Zustand; es sieht aus, als wäre sie tot umgefallen. So ganz versteht man nicht, wodurch dieses Verhalten verursacht wird, aber es trägt vermutlich dazu bei, den Jagdimpuls größerer Verfolger zu bremsen, und wirkt als Schutzmechanismus.

Katzen, die in neue Häuser oder Wohnungen umziehen, wirken häufig verstört. Auch das Auftauchen eines neuen Kätzchens, eines neuen Babys oder auch einer neuen Ehefrau kann zur Folge haben, daß eine zufriedene, ausgeglichene Hauskatze sich plötzlich höchst unfreundlich und asozial gebärdet. Gestörte Routine kann auf verschiedenste Weisen zum Ausdruck gebracht werden. Die üblichste Reaktion ist ein Zusammenbruch der normalen Hygienegewohnheiten der Katze. Sie mag dann an Orten, die bisher absolut undenkbar waren, urinieren oder sogar ihren Stuhlgang deponieren, etwa auf der Wärmeplatte des Herdes, mitten auf der Steppdecke des Schlafzimmers oder auf sonstigen weichen Kissen oder Decken. Schimpfen scheint die Sachlage nur zu verschlimmern. Die einzige Lösung ist, die Katze in einen Raum zu setzen, in dem sie nichts anrichten kann, bis sie ihre Manieren wiedergefunden hat.

Katzen, die das Gefühl haben, ihr Territorium sei in irgendeiner Weise verletzt worden, fangen zuweilen an, die Möbel zu bespritzen, wild an Polstern und Vorhängen zu kratzen und zu zerren oder auch absichtlich Schmuckgegenstände oder Bücher von hohen Regalen hinunterzustoßen. Sie können auch in Hungerstreik treten und sich gar in ein Verhalten der Selbstverstümmelung hineinsteigern – Pfoten und Flanken werden dann so lange geleckt, bis sie rissig sind und bluten; häufig rupfen sich solche Tiere auch das Fell an den Flanken und auf der Brust aus. Eine Siamkatze, die sich durch das Baby ihres Besitzers zurückgesetzt fühlte, kaute solange an ihrem Schwanz herum, bis drei Glieder derart verstümmelt waren, daß man sie amputieren mußte.

Übertriebenes Putzen kann jedoch auch auf äußerste Langeweile zurückzuführen sein. Katzen, die lange Zeit hindurch in schlecht angelegten Katzenheimen gehalten werden, isoliert und ohne etwas, das sie interessiert, lecken sich manchmal bestimmte Stellen der Haut völlig wund. Andere gehen vielleicht dazu über, an sich selber zu saugen, wenn es ihnen an Anregung fehlt; sie bearbeiten dann Pfoten und Flanken, den Schwanz oder sogar die eigenen Zitzen. Dabei schnurren sie auch noch manchmal, treteln mit den Vorderpfoten und machen gewissermaßen eine Regression zum Kätzchenalter durch.

Mit diesem Verhalten verwandt ist das Syndrom des Wollefressens, das einige Katzen an den Tag legen, vor allem offenbar Siamrassen. Vielleicht handelt es sich um eine Erbanlage, denn es kommt familienweise vor, ist sehr ärgerlich und schwer zu behandeln. Wollefresser brauchen nur in einen Zustand der Entspannung zu geraten, und schon werden ihre Augen leicht glasig; die Tiere beginnen dann, mit den Vorderpfoten zu treten und zu kneten, lecken zunächst an dem wollenen Gegenstand, zerren an dem Stoff, saugen und kauen. Einige der Katzen mit diesem Leiden kauen auch Baumwolle und andere Stoffe, doch scheinen die meisten von ihnen reine Wolle vorzuziehen. Solche Katzen können einen ziemlichen Schaden anrichten. Eine Behandlung in Form von Vitamin- oder Mineralienzusatz zum Futter oder einer Veränderung der Ernährung hat in einigen Fällen gewirkt, in anderen hingegen nicht.

Daß eine Hauskatze aggressiv und unleidlich wird, ist selten, es sei denn als Reaktion auf grausame Neckereien oder auf äußerste Furcht. Eine schlechte oder unfreundliche Behandlung in irgendeinem Stadium seiner Entwicklung hat bei einem solchen Tier vielleicht unangenehme Assoziationen hinterlassen, oder es verbindet irgendein seltsames Geräusch oder einen bestimmten Geruch mit Gefahr. Dann ist es in bestimmten Augenblicken schwer zu handhaben. Eine Katze, die von einem Hund bedroht wird, wird den Besitzer beißen, wenn er sie hochnimmt, um sie aus der Gefahrenzone zu entfernen. Ein Kätzchen, das vom Geräusch des Staubsaugers in Schrecken versetzt wird, springt unter Umständen hoch in die Luft oder beißt und kratzt, wenn man es anfaßt. Dieses Verhalten ist zwar ungewöhnlich, jedoch durchaus nicht beunruhigend und gehört zum natürlichen Abwehrmechanismus der Katze.

Obwohl Katzen berühmt sind für ihren Widerwillen gegen Wasser, scheinen es manche von ihnen dennoch zu genießen, mit tropfenden Hähnen zu spielen; andere rollen sich gern in der feuchten Badewanne, und ein paar wenige schwimmen auch gern. Katzen sind sehr geschickt im Fischen; meistens tun sie das, indem sie ins flache Wasser waten und kleine Fische mit einer raschen Bewegung der Vorderpfote – die Krallen ausgefahren und gekrümmt – herausschlagen. Außerdem sind Katzen häufig von Schnee und Eis fasziniert und springen und toben wild darin herum, stoßen mit der Schnauze in den Schnee oder wälzen sich begeistert in ihm umher. Die Wirkung ist wahrscheinlich ähnlich, wie wenn sie sich auf kühlem Zement rollen. Läßt man Katzen in den Garten hinaus, dann suchen sich die meisten sofort ein Pflaster oder einen steinernen Pfad und rollen sich dort, reiben ihren Rücken fest an der kalten Oberfläche, bevor sie sich aufsetzen, um sich gründlich zu putzen.

Ungewöhnliches Verhalten wird bei der Hauskatze häufig durch Krankheiten oder durch das Einnehmen gewisser Medikamente verursacht, die lebenswichtige Zentren im Gehirn beeinträchtigen oder zerstören. Es kann sich dann um eine vorübergehende Störung handeln; viele Katzen können mit sorgfältiger Pflege, richtiger Ernährung und vielleicht geeigneter Medizin geheilt werden. Aber in manchen Fällen kann der Schaden irreparabel sein, und das Verhalten bleibt dann auf Dauer gestört. Sind bestimmte Teile des Gehirns geschädigt, kann Taubheit die Folge sein. Einige Katzen werden auch schon taub geboren, und diese Behinderung erfordert ganz besondere Sorgfalt, denn ein taubes Tier erschrickt leicht, wenn es plötzlich etwas sieht, das es nicht herankommen hören kann. Bei manchen tauben Katzen indessen sind gewisse Teile des Gehörmechanismus – Teile, die Schwingungen aufnehmen – noch intakt. Dann ist es möglich, sich nach einigen Versuchen mit ihnen zu verständigen, indem man auf bestimmte Gegenstände schlägt, weil das Tier deren Schwingungen aufnehmen kann. Taube Katzen sind naturgemäß in bezug auf Straßenunfälle besonders gefährdet und sollten immer unter Aufsicht gehalten werden.

Auch geschlechtliche Aggressionen und Störungen stellen sich gelegentlich bei Hauskatzen ein. Junge Kater werden häufig schwierig im Umgang, wenn sie nicht kastriert und eingesperrt sind. Nach der Kastration bessert sich ihre Gemütsverfassung meistens. Nicht kastrierte Kätzinnen, denen man die Mutterschaft vorenthält, hören unter Umständen mit den Brunstschreien kaum auf und können derart frustriert werden, daß sie anfangen, Spielzeug zu bemuttern oder an sich selber zu saugen, oder aber sie werden unsauber und bespritzen die Möbel. Will man nicht mit ihnen züchten, so ist es

ratsam, männliche und weibliche Katzen im Alter von ungefähr sechs Monaten kastrieren zu lassen, damit sie zufriedene und ausgeglichene Hausgenossen werden.
Um ein mögliches sonderbares Benehmen im Gegensatz zu dem üblichen Verhalten festzustellen, muß man seine Katze einmal einen ganzen normalen Tag lang beobachten. Schilt man sie, wird sie sich mit dem Rücken zum Besitzer hinsetzen und ins Leere schauen und alle Lockrufe ignorieren. Gibt man ihr Futter, das sie nicht so gern mag, wird sie mit den Vorderpfoten grobe Gesten machen, als wollte sie etwas Unaussprechliches um den Teller herum mit Erde zudecken. Schließt man sie ein, dann schlägt sie abwechselnd mit beiden Vorderpfoten monoton auf die Fensterscheibe ein, als ob sie sich mit aller Gewalt hindurcharbeiten wollte.
Im allgemeinen jedoch bleibt die Katze trotz ihrer Einordnung in unsere eigenen, unnatürlichen Lebensgewohnheiten ein sehr ausgeglichenes, anpassungsfähiges Geschöpf, und vielleicht haben wir sie deshalb so gern als Hausgenossen, denn was könnte am Ende eines harten Tages entspannender sein, als bequem in seinem Lieblingssessel zu sitzen mit einer ruhigen, gelassenen und schönen Katze auf den Knien?

Sprache und Charakter

»Die Katze ist, obwohl ein Raubtier, ein nützliches Haustier. Es fehlt ihr weder an Weisheit noch an Gefühl, aber ihre Bindungen sind stärker an Orte als an Personen. Die Form ihres Körpers entspricht ihrer Gemütsverfassung. Die Katze ist hübsch, leicht, gewandt und sauber und wollüstig; sie liebt Bequemlichkeit und sucht sich das weichste Möbel aus, um auf ihm zu ruhen und zu lagern ... Junge Katzen sind fröhlich, lebhaft, reizend und wären geeignet, Kinder zu unterhalten, wenn die Schläge ihrer Pfoten nicht zu fürchten wären ...
Katzen scheinen einen natürlichen Widerwillen gegen Wasser, Kälte und schlechte Gerüche zu haben. Sie mögen Parfüms und lassen sich gern von Leuten, die solche benutzen, hochnehmen und liebkosen ... Ihre Augen glänzen im Dunkeln beinahe wie Edelsteine und werfen während der Nacht das Licht wieder zurück, das sie, wenn man so sagen darf, während des Tages aufgesogen haben.«

Obiges schrieb vor langer Zeit, im Jahre 1792, der hervorragende Naturwissenschaftler Buffon. Wenn man auch vielleicht nicht mit allem einverstanden sein mag, so trifft doch vieles davon zu – außer, was er über die im Dunkeln glänzenden Augen sagt, die, wie wir heute wissen, lediglich das Licht reflektieren.

Was hat es mit den Katzen auf sich, daß sie von so vielen Menschen bewundert und von anderen abgelehnt werden? Bei einer Katzenausstellung befragte man eine ganze Reihe von Besuchern nach ihrer Einstellung zu diesen schönen Tieren. Die Gefühle waren eindeutig, aber die Antworten waren so unterschiedlich, daß man sich bei manchen fragen mußte, was diese Menschen eigentlich auf einer Katzenausstellung zu suchen hatten.

Dieser Befragung zufolge werden Katzen geschätzt, weil ihre Gesellschaft, Gelassenheit und Anschmiegsamkeit angenehm ist; und man hat ihren Charakter, ihre Intelligenz und anderes mehr gelobt. Andererseits hat man die Art und Weise, in der sie Menschen anstarren und ihnen Unbehagen einflößen, nicht gemocht und ihre Grausamkeit Mäusen und Vögeln gegenüber sowie ihre Launen getadelt. Jeder, der eine Katze sein eigen nennt, behauptet, diese sei intelligenter als alle anderen, und viele Katzen scheinen über ureigene Tricks zu verfügen, mit denen sie sich bei ihren Besitzern

noch zusätzlich beliebt machen. Besonders Männer sind immer stolz auf die eigenen Katzen, obgleich sie häufig die Katzen anderer Leute gar nicht mögen.
Manche Menschen haben eine ausgesprochene Katzenangst (Ailurophoben); sie können es einfach nicht ertragen, mit einer Katze in einem Zimmer zu sein, und spüren sofort, wenn sich eine im Haus befindet, auch wenn diese unsichtbar bleibt, was sie oft geradezu ängstigt. Napoleon war so jemand und angeblich auch Hitler.
Wie wir gesehen haben, gibt es klare Unterschiede im Charakter der einzelnen Zuchtrassen, zwischen Langhaarkatzen, den englischen Kurzhaarkatzen, den Siamkatzen und anderen europäischen Kurzhaarrassen. Menschen jedoch, die Gelegenheit hatten, viele Katzen und ihre Besitzer jahrelang zu beobachten, ist klargeworden, daß weit mehr als die Abstammung von einer bestimmten Rasse das Interesse und die Zuneigung für die Katze über die Entwicklung ihrer Persönlichkeit entscheiden.
Alle Katzen sind Individualisten. Es hat keinen Sinn zu behaupten, sämtliche Siamkatzen seien gleich im Charakter oder alle Langhaarkätzchen still und friedlich. Darin liegt ja der Zauber der Katzen: Sie sind unberechenbar, sie haben die unterschiedlichsten Persönlichkeiten und Charaktere, und sie lassen sich nicht gern Befehle geben. Sie

haben tatsächlich gar nichts Unterwürfiges an sich. Sie tun Dinge, wann und wie es ihnen gefällt, und nicht, weil man sie dazu zwingen will. Man kann *behaupten,* daß einem eine Katze gehört, im Grunde ist jedoch das Gegenteil der Fall. Man muß schon viele Jahre mit Katzen leben, um ihre guten Eigenschaften wirklich ermessen zu können.

Eine Eigenschaft, die heutzutage nicht immer sehr geschätzt wird, ist ihr natürlicher Jagdtrieb; aber man sollte sich daran erinnern, daß Katzen von den Ägyptern zunächst aufgrund ihrer Heldentaten in der Mäuse- und Rattenbekämpfung gehalten wurden. Heute gibt es zwar viele chemische Mittel, aber für den Bauern werden Katzen weiterhin höchst nützlich sein, weil sie Ungeziefer auf natürliche Weise in Schach halten. Indessen sind Katzen leider auch Vogelfänger, obzwar die Langhaarrassen in dieser Beziehung nicht so schlimm sind wie die Kurzhaarrassen. Eine ihrer Gewohnheiten, die man gar nicht gern hat, ist ihre Vorliebe, ihrem Besitzer viele ihrer Fänge zur Begutachtung anzuschleppen, beispielsweise Ratten an den Frühstückstisch.

Katzen zeigen ihre Zuneigung rückhaltlos, legen einem die Pfoten um den Hals, ja, sie küssen einen sogar, wenn sie dürfen. Man sagt dann oft, das sei alles Schöntuerei, aber viele Menschen werden da ganz anderer Meinung sein. Katzen lieben die Gesellschaft von Menschen mehr als alles in der Welt, und das ist wahrscheinlich einer der Gründe dafür, daß sie so häufig die Lieblinge von Künstlern, Schriftstellern und Dichtern sind, die viele Stunden stiller Arbeit zu Hause verbringen. Katzen sind ausgesprochen unglücklich, wenn man sie stundenlang allein läßt; dann werden sie trübsinnig und teilnahmslos.

Sie schließen die seltsamsten Freundschaften, etwa mit Pferden, Ziegen, Kaninchen, ja sogar mit Elefanten. Wenn sie zusammen aufgewachsen oder mit Umsicht später miteinander bekanntgemacht worden sind, können Katze und Hund äußerst vergnügt zusammen leben und oft sogar im selben Korb schlafen.

So schätzen (zumal Siam-)Katzen im allgemeinen die Gesellschaft einer anderen Katze; nur die Langhaarrassen, die zwar andere Katzen ebenfalls akzeptieren, sind ihnen nicht immer ganz so eng verbunden.

Katzen können ausgesprochen eifersüchtig sein und es sehr übelnehmen, wenn man sich anderen zuwendet; sie versuchen dann häufig, die Aufmerksamkeit auf sich zu ziehen, indem sie sich schmiegsam um unsere Beine herumbewegen oder kleine Schläge oder Liebkosungen mit der Pfote austeilen. Hinsichtlich bestimmter Stühle oder eines Spielzeugs zeigen sie durchaus Besitzansprü-

che. Sie können sehr aufmerksam sein, jede Veränderung fällt ihnen auf, und neue Möbelstücke werden von ihnen gründlich inspiziert.
Katzen sind offenbar in der Lage, sich an Uhrzeiten zu halten, und erscheinen pünktlich zu ihren Mahlzeiten, wenn sie regelmäßig gefüttert werden. Viele wecken ihren Besitzer jeden Morgen zur gleichen Zeit, indem sie ihm ins Ohr beißen oder das Gesicht streicheln. Oder sie warten am Tor auf seine Rückkehr, wenn er täglich zur gleichen Zeit nach Hause kommt.
Sehr viele Katzen sind eitel und lieben es, bewundert zu werden; dann schließen sie vor Verlegenheit die Augen und schnurren. Sie haben viele Ausdrucksmöglichkeiten, können Widerwillen, Ärger, Verachtung, Entsetzen, Langeweile und Vergnügen mimen, oder sie machen ein hochmütiges Gesicht, wenn man sie auslacht, was sie hassen.
Viele Menschen meinen, Katzen seien stumm; aber das ist keinesfalls so. In Wirklichkeit sind sie es, die von allen Tieren am lautesten schreien und die am ehesten fähig sind, ihre Stimmungen und Gefühle mittels einer ganzen Reihe von Lauten und anderen Ausdrucksweisen – Schwanzbewegungen, Bewegungen der Pfoten oder Lecken – mitzuteilen.
Charles Darwins *Expressions of Emotions* (Ausdruck von Gefühlen) zufolge »benutzen Katzen ihre Stimme als Ausdrucksmittel, und sie geben bei

verschiedenen Gefühlen und Wünschen mindestens sechs oder sieben verschiedene Laute von sich«. Jeder, der irgendwann mit einer Katze unter einem Dach gelebt hat, wird zweifellos einwenden, daß Katzen eine weit größere Zahl an Lauten zur Verfügung steht. Carl van Vechten berichtet in seinem Buch *Tiger in the House* (Der Tiger im Haus), daß Champfleury, der französische Schriftsteller, der im 19. Jahrhundert über Katzen schrieb, »dreiundsechzig Töne im Miauen der Katzen zählte, wenn er auch zugab, daß ein genaues Gehör und sehr viel Übung dazu gehörten, um sie zu unterscheiden. Andererseits ... konnte Abbé Galiani nur zwanzig Noten in dem kunstvollsten Miauen unterscheiden.« Van Vechtens Anmerkung hierzu: »Jeder, der in freundschaftlicher Beziehung mit einer Katze gelebt hat, wird keine Schwierigkeiten haben, ihre Sprache zu verstehen; ein interessierter Beobachter kann noch viel mehr ausfindig machen.«

Beim Vergleich zwischen Katzen und Hunden und ihren jeweiligen Kommunikationsmöglichkeiten stellen einige Schriftsteller fest, daß der Hund nur Vokale benutzt, während die Katze außerdem auch Konsonanten verwendet. Besitzer von mehreren Katzen haben herausgefunden, daß das Vokabular von Katze zu Katze unterschiedlich ist und daß manche viel »gesprächiger« sind als andere. Die meisten sind höflich, antworten anmutig, wenn man sie anspricht, aber man muß ihnen schon sehr nahestehen, um ihr persönliches Vokabular zu entschlüsseln.

Katzen werden vom Wetter beeinflußt. Es heißt sogar, daß sie gute Wetterpropheten sein können. Ein Wetterwechsel ist zu erwarten, wenn die Katze anfängt, im Haus umherzuschießen, während es als Zeichen für Regen gilt, wenn sie sich hinter den Ohren wäscht. Auch das Jagen nach dem eigenen Schwanz soll angeblich einen Wetterwechsel voraussagen, und es soll Frost bedeuten, wenn sie mit dem Rücken zur Heizung sitzt. Fallende Blätter betrachten Katzen als Spielzeug; auch Schneegestöber interessiert sie sehr, und sie scheinen es zu lieben, im Schnee herumzustapfen. Heißer Sonnenschein wird ebenfalls geschätzt; oft kann man beobachten, wie die Katze, auf dem Rücken liegend, die Pfoten in der Luft, ihr Sonnenbad genießt. Mißtrauisch zeigt sie sich starkem Wind gegenüber, da sie es offenbar nicht mag, wenn ihr Fell durcheinander geweht wird.

Viele Katzen lieben Blumengeruch und schnuppern genüßlich an Lavendel und süß duftenden Blumen.

Um beachtet zu werden, tun sie auch oft so, als wären sie unglücklich. Charles Ross hat von einer Katze erzählt, die ein Bein verletzt hatte und unter

Schmerzen zur Untertasse hinken mußte, in der sie als besonderen Leckerbissen Milch bekam. Das ging ein paar Wochen so, bis das Bein geheilt war. Die Extramilch entfiel. Nach ein paar Tagen fing die Katze an, zu ihrem Besitzer zu humpeln; in der Hoffnung, daß sie wieder Milch bekommen würde, zog sie das Bein dramatisch nach.

Da Katzen bekanntlich nur Dinge tun, die ihnen Spaß machen, und da sie nicht sehr berechenbar sind, gibt es natürlich nur wenige, die sich für Vorführungen eignen; aber ein paar hat man doch dressiert, so daß sie in Filmen, auf der Bühne oder im Fernsehen auftreten können.

Katzen sind zwar fotogen, aber um ein erfolgreicher »Star« zu sein, muß auch das entsprechende Temperament vorhanden sein. Eine starke Zuneigung und ein rückhaltloses Vertrauen zum Besitzer sind die Voraussetzungen. Geduld und Zeit sind notwendig, um einfache Kunststücke, wie auf eine Leiter zu klettern und herunterzuspringen, zu erlernen. Es wird viele Male geprobt werden müssen, wobei jedesmal eine Belohnung erfolgen muß, bis die Katze begreift, was man von ihr erwartet, und das auf Befehl auch tut. Sie darf nichts gegen Herumreisen haben oder dagegen, sich in Studios aufzuhalten und von Fremden angefaßt zu werden. Manche Katzen sind natürliche Schauspieler, lieben die besondere Beachtung und das Spiel um die

Gunst eines Publikums. Eine bekannte Fernsehkatze, die bei einer Katzenausstellung als besonderer Anziehungspunkt gezeigt wurde, nahm es ganz offen übel, daß sich im nächsten Gehege eine andere bekannte Katze befand, die mehr Bewunderung erhielt, und saß die ganze Zeit mit verächtlich abgewandtem Kopf da.

Daß Katzen auf eine andere Katze im Haushalt sehr eifersüchtig sein können, vor allem wenn sie meinen, die andere bekäme mehr Aufmerksamkeit, erlebt man immer wieder. Sie drängen sich dann dazwischen, wenn die andere gestreichelt wird, und bestehen darauf, gleichzeitig auf dem Schoß des Besitzers zu sitzen.

Aufgrund ihres scharfen Gehörs, dessen Frequenzbereich dem des menschlichen Gehörs weit überlegen ist, sind Katzen fähig, das Geräusch eines bestimmten Wagens unter allen anderen zu erkennen; sie unterscheiden das Geräusch des Motors ihres Besitzers von dem eines Besuchers. Ein paar weiße Katzen, zumal solche mit blauen Augen, werden taub geboren, aber in dieser Weise behinderte Tiere scheinen oft besonders intelligent und aufmerksam zu sein; sie sind anscheinend in der Lage, die Gedanken ihrer Herren zu lesen. Sie reagieren auf Handzeichen, sobald sie ihre Bedeutung begriffen haben, und auf Schwingungen. Eine taube Katze sollte man häufig anfassen und liebkosen, denn die Berührung durch den Menschen wird von ihr noch mehr geschätzt als von anderen Katzen. Lebt man in der Stadt, heißt Verkehr Gefahr, und es ist ratsam, lieber einen hohen Zaun um den Garten – so man einen hat – zu errichten, als eine taube Katze frei herumlaufen zu lassen. Ist kein Garten verfügbar, dann sollte für Toilettenmöglichkeiten im Haus gesorgt werden und die Katze an einer Leine spazierengeführt oder nicht hinausgelassen werden.

Katzen sind sinnbetonte Geschöpfe. Sie lieben es, gestreichelt und gekrault zu werden, vor allem unter dem Kinn und auf dem Kopf. Neugierig und fordernd von Natur, zuweilen geräuschvoll, dann wieder sehr still, scheinen sie Traurigkeit nachempfinden zu können und trösten auch oft ihre Besitzer, wenn diese unglücklich sind.

Der vielschichtige Charakter der Katze ist in folgendem Zitat aus *The Siamese Cat* von Sidney und Helen Denham sehr gut getroffen; obwohl sich die folgenden Zeilen auf Siamkatzen beziehen, haben sie doch auch für alle Katzen Gültigkeit: »Als der Schöpfer beschloß, die erste Siamkatze zu schaffen, hat er offensichtlich folgende Eigenschaften gemischt: die Anmut des Panthers, die Klugheit des Elefanten, die liebevollen Gefühle der Turteltaube, die Schönheit des Rehs, die Weichheit der Daunen und die Schnelligkeit des Lichts.«

Katzen, die mit uns leben

Allgemeines zum Verhalten von Katzen zu sagen, ist einfach; um jedoch ein bestimmtes Tier wirklich zu kennen und zu verstehen, muß der Besitzer ihm vom Kätzchenalter an eng verbunden sein, muß seine Entwicklung und das Werden seines Charakters beobachtet haben. Die meisten Kätzchen verbringen, wie wir gesehen haben, nur eine sehr kurze Zeit bei ihrer Mutter, daher sind manche ihrer Eigenschaften vererbt oder instinktbedingt, und eine frühe Schulung ist entscheidend, um irgendwelche unangenehmen Gewohnheiten, wie das Schärfen der Krallen an Möbeln, zu korrigieren. Da Berührung für eine Katze so wichtig ist, sollte man sofort mit der Pflege des Fells beginnen, denn damit hält man nicht nur das Fell sauber und entfernt ausgefallene Haare und Flöhe, sondern man gewöhnt das Kätzchen daran, daß es von uns angefaßt und hochgehoben wird.

Erst vor verhältnismäßig kurzer Zeit ist man sich

darüber klargeworden, daß der Umzug in eine neue Umgebung auf manche Kätzchen eine traumatische Wirkung haben kann, und zwar derart intensiv, daß sie krank werden, ohne eine bestimmte Krankheit zu haben. Wenn einem Kätzchen die Gesellschaft der Mutter und seiner Geschwister fehlt, wird es manchmal teilnahmslos, hat wenig Interesse für sein Futter und verliert rasch an Gewicht, es siecht geradezu dahin.

Katzen haben ein höchst reizempfindliches Nervensystem, das auf veränderte Umstände sofort reagiert. Deshalb sollte man grundsätzlich mit einem kleinen Kätzchen soviel Zeit wie möglich verbringen und ständig mit ihm sprechen, auf daß es bald mit der menschlichen Stimme vertraut ist und ein paar einfache Worte versteht, seinen Namen lernt und kommt, wenn es gerufen wird.

In den ersten Tagen zumindest sollte man sich an die Nahrungstabellen halten, die der Züchter beschaffen kann.

Spielen gehört ganz wesentlich zur Erziehung. Man wirft einen kleinen Ball aus Papier oder Wolle oder zieht eine Schnur hinter sich her, das verschafft dem Tierchen schon genügend Bewegung und verhindert, daß es sich langweilt. Ein Kätzchen wird sehr schnell lernen, den kleinen Ball zu fangen, und ihn immer wieder zu seinem Besitzer zurückbringen.

Hunde kann man darauf dressieren, daß sie bestimmten Befehlsworten gehorchen, aber Katzen (und Kätzchen) weigern sich, Befehle entgegenzunehmen und protestieren sehr energisch, wenn sie etwas gegen ihren Willen tun sollen.
Die meisten Katzenkinder sind rasch stubenrein und benutzen die Katzenkiste oder, wenn sie hinaus dürfen, den Garten wie selbstverständlich. Aber es gibt leider auch einige, die sich nicht so gut aufführen. Wenn ein Kätzchen sich danebenbenimmt, sollte man seine Nase nicht in die Bescherung stecken oder es laut anschreien. Schon gar nicht darf man es wegen dieser oder jener Missetat schlagen. Es wird nicht begreifen, daß es bestraft wird, sondern lediglich finden, man tut ihm weh, und wird zum Gegenangriff übergehen. Ein festes »Nein« ist am wirksamsten.
Wenn ein Kätzchen beharrlich unsauber bleibt und stets den gleichen Ort benutzt, wäscht man die Stelle mit einem stark riechenden Desinfektionsmittel ab. Das zerstört den Geruch und sollte das Kätzchen davon abhalten, die Stelle noch einmal zu benutzen. Auch ein bißchen verstreuter Pfeffer kann zur Abschreckung dienen. Es hilft natürlich außerdem, wenn man das Kätzchen sofort nach dem Schlafen oder Fressen dazu bewegt, sich zur Klokiste oder in den Garten zu begeben. Die meisten Katzen sind von Natur aus saubere

Geschöpfe und benutzen keine schmutzige oder stinkende Kiste; diese muß also häufig geleert werden. Am besten verwendet man geruchbindende Katzenstreu, die man in Tierhandlungen, Drogerien und Lebensmittelgeschäften kaufen kann. Zeitungspapier eignet sich schon deshalb schlecht, weil dann das Kätzchen glauben mag, daß jedes herumliegende Papier für den gleichen Zweck benutzt werden darf. Nimmt man Erde statt Streu, sollte man sie erneuern, sobald sie naß ist, denn sonst finden sich die Spuren von schmutzigen Pfoten im ganzen Haus. Eine gute Idee ist es überdies, die Kiste auf ein Stück Plastik in einen Karton oder ähnliches zu setzen, damit die Streu nicht so herumfliegt. Geben Sie einem Katzenkind keine sehr hohe Kiste oder Schüssel, in die es mühsam hinein- oder herauskrabbeln muß, dabei kann es sich wehtun und benutzt sie dann nicht mehr.

Wie gesagt, muß man ein jungens Kätzchen schon ganz früh dazu erziehen, nicht an Möbeln zu kratzen oder an Vorhängen zu zerren. Wenn es nicht in einen Garten kann, wo es sich an Bäumen oder Sträuchern üben kann, besteht die Möglichkeit, ihm in der Tierhandlung einen Kratzpfosten zu erstehen. Ein großer Ast oder eine Schnur, die um ein Bein des Küchentischs geschlungen wird, oder auch ein auf ein Brett genageltes Teppichstück können den gleichen Zweck erfüllen. Sollte das Kätzchen trotzdem versuchen, an den Möbeln zu kratzen, sagen Sie energisch »Nein!« und bringen es an einen Ort, an dem es kratzen darf.

Man kann Kätzchen beibringen, an einer Leine zu gehen, woran sich Kurzhaararten offenbar leichter gewöhnen als die Langhaarkatzen. Will man eine Langhaarkatze auf einer Ausstellung präsentieren, muß man bedenken, daß ein Halsband die Krause ruinieren kann; es muß also das richtige Halsband oder Geschirr gewählt werden. Kleine, elastische Halsbänder, die sich für Kätzchen eignen, kann man in Tierhandlungen oder bei Tierschutzvereinen kaufen. Ein solches Halsband muß leicht sein, weil sich das Tier selbst befreien können muß, falls das Halsband an irgend etwas hängenbleibt.

Wie lange es dauert, ein Kätzchen darauf zu dressieren, an einer Leine zu laufen, hängt sehr von seiner Intelligenz und der Geduld seines Besitzers ab. Man sollte dem Katzenkind jedoch Zeit dabei lassen, vielleicht einen Tag oder zwei, um sich an das Gefühl des Halsbands zu gewöhnen, bevor man es an die Leine nimmt. Manche Kätzchen setzen sich dann erst einmal hin und weigern sich, sich vom Fleck zu rühren, andere schießen wie verrückt umher. Ein paar Minuten Spaziergang genügen für den Anfang, dann verlängert man die Dauer allmählich, bis das Kätzchen völlig natürlich vor einem her läuft. Zum Schluß wird die Katze vielleicht ganz aufgeregt, wenn sie Halsband und Leine sieht und weiß, was sie bedeuten, und sich ganz offensichtlich auf den Ausgang freut.

Die meisten Kätzchen lernen sehr schnell und können vielleicht in kurzer Zeit schon ein paar einfache »Kunststücke« vollführen. Aber Kunststücke, die bei einer kleinen Katze noch unterhaltend, vielleicht sogar reizend anzuschauen sind, können bei einer ausgewachsenen Katze nicht mehr ganz so komisch wirken. Wenn ein kleines Kätzchen am Besitzer hinaufklettert und sich auf seine Schulter setzt, mag das ein bezauberndes Erlebnis sein; wenn jedoch eine riesige, schwere Katze das tut – und häufig unerwartet –, kann einen das durchaus aus der Fassung bringen. Es ist eine schlechte Angewohnheit, wenn eine Katze auf den Tisch springt und dort Milch aus einer Kanne schleckt, selbst wenn der verliebte Besitzer vielleicht nichts dagegen einzuwenden hat, ist das für Besucher des Hauses nicht so angenehm. Klettert ein Kätzchen die Vorhänge hinauf, schadet das wahrscheinlich nichts, aber eine ausgewachsene Katze kann eine ganze Menge Schaden dabei anrichten.

Viele Katzen finden ganz von selbst heraus, wie sie mit den besten Aussichten auf Erfolg um Futter betteln: Manche setzen sich anmutig hin und bewegen vielsagend die Pfoten. Andere lecken überhaupt nichts aus Schüsseln auf, sondern benutzen ihre Vorderpfoten als Löffel, tauchen sie ein und führen das Fressen manierlich zum Mund.

Während aus dem Kätzchen eine Katze wird, gewöhnt es sich an einfache Routine, rechnet mit festen Essenszeiten und stellt sich meist erwartungsvoll pünktlich ein. Läßt man eine Katze völlig frei laufen, dann beschließt sie vielleicht ab und zu, nicht hereinzukommen, wenn man findet, sie sollte eigentlich. Die eine Katze kommt, wenn man pfeift, die andere stürzt herbei, wenn man mit einer Büchse voll kleiner Tabletten oder Steinchen rasselt. Die eine reagiert auf das Schütteln eines Pakets Trockenfutter, die andere, sobald sie hört, daß Fleisch gehackt oder geschnitten wird. Man läuft im Garten spazieren, und die Katze folgt einem, wenn einem gar nichts daran liegt, aber in dem Augenblick, in dem man sie nehmen und hereinbringen will, spürt sie sofort, was man vorhat, und hält sich in sicherem Abstand.

In den meisten Abhandlungen über Katzen wird ihre Unabhängigkeit unterstrichen, und das trifft auch in vieler Hinsicht zu. Eine Katze tut Dinge gern, wenn sie es möchte, und läßt sich streicheln, wenn ihr danach ist. Andererseits ist sie jedoch ein ausgesprochenes Gewohnheitstier. Die meisten von ihnen verfügen über Zeitgefühl, erscheinen regelmäßig zur richtigen Zeit für ihr Futter und sind ziemlich beleidigt, wenn ihre Mahlzeit nicht pünktlich serviert wird.

Eine Katze, die nur als Hausgenosse gehalten wird, sollte immer kastriert werden. Ein nicht kastrierter Kater, dem keine Zuchtaufgaben zugedacht sind, kann seinen Besitzer vor ernste Probleme stellen. Er kann aggressiv, unruhig und im Haus sehr schmutzig werden. Viele Besitzer befürchten, daß sich der Charakter einer Katze nach der Kastration verändert, aber das passiert selten, nur junge Kater ändern meist ihr Verhalten. Auch die Kätzin, die nicht zum Züchten eingesetzt werden soll, sollte man kastrieren oder ihr die Eierstöcke entfernen lassen, sonst wird sie schwierig im Umgang.

Es gibt Katzen, die »stille Ruferinnen« sind; ein Besitzer merkt dann vielleicht nicht einmal, daß die Katze trächtig geworden ist, glaubt, sie hätte nur etwas zugenommen, und dann kommt die große Überraschung, wenn sich plötzlich eine Familie einstellt.

Wie bereits geschildert, deuten bei weiblichen Katzen im allgemeinen gewisse Anzeichen darauf hin, daß sie »heiß« oder »rollig« geworden sind. Treten solche Anzeichen auf, muß der Besitzer dafür sorgen, daß die Katze gut bewacht wird. Manche Katzen unternehmen alles mögliche, um hinauszugelangen; zumindest muß man Fenster und Türen gut verschlossen halten, sonst entweicht die Kat-

zendame und trifft sich mit dem üblichen, hoffnungsvollen Kater, der unweigerlich irgendwo in der Nähe ist und auf seine Chance wartet.
Passiert das mit einer Zuchtkatze, dann ruiniert sie das in keiner Weise für die künftige Zucht, wie man häufig angenommen hat. Außerdem besteht die Möglichkeit, daß ihr ein Tierarzt innerhalb von vierundzwanzig Stunden nach der Paarung eine Spritze gibt, um die Empfängnis zu verhüten, aber die meisten Züchter halten nicht viel davon, weil sich herausgestellt hat, daß die Katze Schwierigkeiten haben kann, wenn sie zu einem späteren Zeitpunkt wieder Kätzchen bekommt.
Man ist sich nicht immer darüber klar, daß Katzen noch nach der Paarung mehrere Tage rollig sein können. Es können sogar doppelte Paarungen vorkommen, nach denen die Katzenjungen des gleichen Wurfs verschiedene Väter haben. Wenn man die Katze zum Zuchtkater schickt und sie anschließend frei laufen läßt, kann sie gleichzeitig Mischlinge und Zuchtkätzchen werfen. Deshalb ist es nur vernünftig, die Katze mindestens eine Woche nach der Paarung fest im Hause zu halten.
Auch Scheinschwangerschaften gibt es. Wenn die Katze zum Zuchtkater geschickt wurde und sich nicht mit Erfolg gepaart hat, kann sie trotzdem alle Anzeichen von Trächtigkeit aufweisen; die Flanken schwellen an, und sogar die Zitzen können sich

rosa färben. Mit der Zeit verschwindet die Schwellung jedoch von selbst wieder. Ebenso können frustrierte Katzen eine Scheinschwangerschaft haben, auch wenn sie niemals einem Kater nahe gewesen sind. Die Zeichen sind die gleichen. Die Katze kann sogar soweit gehen, sich einen Platz für die Geburt der imaginären Jungen zu suchen und ein Nest in einem Karton für das Säugen vorzubereiten.

Hat man festgestellt, daß eine Katze trächtig ist, sollte sie ganz normal behandelt und niemals verhätschelt werden. Ihre Nahrung sollte abwechslungsreich sein, und gegen Ende der Zeit ist es besser, ihr nicht so große Mahlzeiten, sondern lieber mehrere kleinere zu geben. Lange bevor die Ankunft der Kätzchen zu erwarten ist, stelle man eine Kiste bereit, die mit Zeitungen ausgelegt ist, in irgendeine Ecke, welche vor Zugluft und hellem Licht geschützt ist. Die Katze beschließt dann allerdings vielleicht, daß sie ihre Kätzchen lieber in einer Schublade oder auf den Kissen des Sessels bekommen möchte, und muß gut beaufsichtigt werden. Sind die Kätzchen dann da, läßt sich die Mutterkatze im allgemeinen seelenruhig nieder, während die Kleinen zufrieden saugen, aber es kann durchaus Schwierigkeiten geben, wenn die Katze nur ein einziges Junges bekommen hat, weil dann die Möglichkeit besteht, daß die Milch aus-

trocknet. Mehrere Kätzchen im Wurf, die alle saugen, regen die Milchproduktion an, so daß die Mutter, sobald sie eine Weile von den Kätzchen fort gewesen ist, sich unbehaglich fühlt und rasch zu ihrer Familie zurückkehrt, um sie zu säugen. Ist nur ein einziges Kätzchen vorhanden, das wahrscheinlich immer die gleiche Zitze benutzt, trocknet die Milch in den übrigen Zitzen bald aus, und die Katze hat vielleicht nicht mehr das Bedürfnis, so schnell zurückzukehren, um das einsame Kätzchen zu nähren. Man muß dann aufpassen, daß das Kätzchen genug saugt, damit die Milchproduktion erhalten bleibt, und man muß außerdem dafür sorgen, daß die Mutter das Kätzchen nicht zu lange allein läßt. Es ist indessen immer besser, das Kätzchen an der Mutter saugen zu lassen, als ihm Zusatznahrung zu geben, denn diese mindert sein Bedürfnis nach der Muttermilch, und damit geht die Milchproduktion zurück.
Bevor eine Katze ihren ersten Wurf hat, kann man kaum beurteilen, was für eine Mutter sie sein wird. Manche Kätzinnen sind sehr besitzergreifend, nehmen es übel, wenn andere Katzen die Kätzchen nur anschauen, und mögen es gar nicht, wenn ihr Besitzer sie anfaßt. Andere wieder schnurren entzückt, wenn man ihre Familie betrachtet und bewundert. Man muß also die Reaktionen der Mutter genau beobachten und die Kätzchen dementsprechend

behandeln. Zuweilen findet man ein scheinbar gesundes Kätzchen plötzlich tot in einer Ecke der Wurfkiste, beinahe platt gedrückt. Meistens stellt sich jedoch bei genauerer Untersuchung heraus, daß das Junge irgendeinen physischen Fehler hatte, einen gespaltenen Gaumen oder ein verdrehtes Hinterbein. Wenn die Mutter das merkt, tötet sie das mißgebildete Kind ganz zielbewußt.

Manchmal indessen tötet eine Katze ihre Kätzchen einfach nur so. Sie scheinen gesund, aber am Morgen sind sie verschwunden, aufgefressen von der Mutter. Es ist schwer zu begreifen, aus welchem Grund das passieren kann. Vielleicht geschieht es infolge eines Schreckens oder einer gefühlsmäßigen Erregung im Zusammenhang mit der Geburt. Glücklicherweise sind solche Fälle selten.

Wenn der Wurf groß ist, sollte man mit der Entwöhnung anfangen, wenn die Kätzchen drei bis vier Wochen alt sind. Man sollte dabei ganz allmählich vorgehen und den Kleinen, bis zum Alter von ungefähr acht bis neun Wochen eine gemischte Diät bieten, so daß sie nur noch wenig Milch von der Mutter brauchen. Die Mutter wird den Kätzchen gegenüber vielleicht böse, wenn diese zu lange saugen wollen. Die scharfen kleinen Zähne beißen des öfteren in die Zitzen und verursachen große Schmerzen, und darauf reagiert die Katze dann entsprechend. Außerdem geschieht es verhältnismäßig oft, daß die Mutterkatze wieder rollig wird, häufig nur eine oder zwei Wochen nach der Geburt der Kätzchen. Wie wir gesehen haben, ist es durchaus möglich, daß sie sich sofort wieder paart; und wenn sie wieder rollig wird, sind ihr die Jungen vielleicht lästig, und die Milchproduktion kann etwas nachlassen, sollte aber nach einem oder zwei Tagen erneut zunehmen. Während dieser Zeit kann es notwendig sein, die Nahrung der Kleinen durch Babykost oder geeignete tierische Milchnahrung zu ergänzen.

Ein Kätzchen, das zum Zuchtkater bestimmt wird, muß mit Bedacht ausgesucht werden. Besonders wichtig ist das Temperament. Ein wilder und bösartiger Kater wird einen sehr schlechten Deckkater abgeben, der möglicherweise die weibliche Katze angreift, statt sich mit ihr zu paaren. Ebenfalls sehr wichtig ist die Erziehung mit täglichem Hochnehmen und Streicheln. Der kleine Kater muß regelmäßig gepflegt werden und soviel Zuwendung erhalten wie nur möglich, denn ein Zuchtkater führt ein einsames Leben, was sehr traurig ist; die meisten Zuchtkater sind ausgesprochen sanft und ihren Besitzern liebevoll zugetan.

Ein männliches Kätzchen kann ungefähr sechs Monate im Haus bleiben, danach jedoch sollte es täglich eine kurze Zeit in einen besonders errichteten Zwinger mit Auslauf gebracht werden. Man verlängert allmählich die Dauer des Draußenlebens, bis sich der kleine Kater daran gewöhnt hat, allein zu sein. Wenn er neun Monate alt ist, sollte er auch draußen schlafen. Es ist kaum zweckmäßig, einen Kater als Hausgenossen aufzuziehen, mit ihm zu spielen und ihn die ganze Zeit zu verwöhnen, um ihn dann, wenn er anfängt zu spritzen, nach draußen zu verbannen. Ein Kater kann sehr laut werden, wenn er allein ist, deshalb sollte ein Zwinger so gelegen sein, daß der Kater Menschen sehen kann und sich nicht vollkommen von der Welt abgeschnitten fühlt.

Niemand sollte einen Zuchtkater halten, wenn er ihm nicht ein großes Gehege mit großem Auslauf bieten kann, in dem er sich genügend Bewegung machen kann. Man sollte ihn auch eine gewisse Zeit über täglich unter Bewachung hinauslassen. Ihm jedoch völlige Freiheit zu gestatten, ist nicht ratsam, denn er schnappt vielleicht eine Infektion auf und wird sich ganz bestimmt mit jeder herumstreunenden Katze paaren und vielleicht sogar fortlaufen. Wenn die Deckzeit vorbei ist, das heißt, keine weiblichen Katzen mehr für Paarungszwecke angenommen werden, stellt sich vielleicht in manchen Fällen heraus, daß der Kater seine Umgebung nicht mehr markiert und es daher möglich ist, ihn abends im Hause zu halten. Aber er sollte sorgfältig beobachtet werden.

Katzenpsychologie

Katzen sind zwar Tiere und sollten stets als solche behandelt werden, aber man muß doch feststellen, daß es bei ihnen wie bei den Menschen persönliche Situationen gibt.

Eine Katze kann wegen verhältnismäßig unwichtiger Kleinigkeiten äußerst eifersüchtig werden, z. B. auf eine andere Katze, wenn diese auf einem bestimmten Lieblingskissen schläft. Der aufgestaute Groll kann sich ganz allmählich bis zum Kriegszustand steigern. Auch wenn das Streitobjekt entfernt wird, kann die Fehde weitergehen; man muß die Tiere dann im Auge behalten, damit sie sich nicht gegenseitig ernsthaften Schaden zufügen. Diese Art Vorkommnisse kann einen Bandenkrieg sämtlicher Katzen im Haushalt gegen die eine unglückselige Katze auslösen. Als zum Beispiel eine Katze, die stets mit den anderen friedlich zusammen gelebt und geschlafen hatte, zum Zuchtkater geschickt wurde, weigerten sich ihre Genossinnen bei ihrer

Rückkehr, sie wieder anzunehmen, und sie mußte bis zum Ende ihrer Tage – in hohem Alter – getrennt im Haushalt leben.
Aber viele Katzen halten auch eine lebenslange Freundschaft mit einer anderen Katze. Dann sind sie immer zusammen und geradezu unglücklich, wenn man sie trennt. Stirbt eines Tages die eine, kann die andere derart unglücklich und untröstlich sein, daß sie fast vor Gram vergeht. In einem solchen Fall ist zuweilen das Einführen eines neuen Kätzchens hilfreich.
Langeweile kann ebenfalls Schwierigkeiten bringen. Dann scheint die Katze sehr niedergeschlagen, verliert das Interesse an allem und entwickelt sonderbare Gewohnheiten. Manchmal sitzt sie da und saugt an ihrem Schwanzende, bis dieses beinahe wund ist, sodann saugt sie an Wolle oder frißt diese, manchmal reißt sie dabei Löcher in die Pullover ihres Besitzers oder putzt sich pausenlos. Läßt man eine Katze über längere Zeiten allein, kann Langeweile oder Einsamkeit dazu führen, daß sie sich auf die Wanderschaft, auf die Suche nach Gesellschaft begibt.
Eifersucht bei Katzen kann psychologische Probleme aufwerfen, die mit Bedacht behandelt werden müssen, vor allem, wenn ein Neuankömmling, eine andere Katze, ein Hund oder ein Kind, die Ursache ist. Um ihr Mißvergnügen darüber zu demonstrie-

ren, wird die bis dahin vielleich stubenreine Katze plötzlich unsauber oder sitzt und schmollt und verweigert sogar ihr Lieblingsfressen. Eine sanfte Katze wird dann plötzlich bösartig und nimmt jede Aufmerksamkeit, die dem Neuankömmling zuteil wird, übel.

Meistens jedoch akzeptieren ältere Katzen jüngere Kätzchen oder junge Hunde ohne große Schwierigkeiten. Ein gelegentliches Fauchen, wenn der Neuankömmling vorbeigeht, ist unerheblich, denn selten kommt es zu mehr. Wenn sich der Besitzer in dieser ersten Zeit mit der älteren Hausgenossin besonders abgibt und die Tiere getrennt füttert, sollten sie sich am Ende einer Woche gegenseitig akzeptiert haben. Das Zusammensein eines lebhaften Welpen mit der Katze muß allerdings zunächst überwacht werden, damit er nicht Gefahr läuft, daß ihm die Katze mit den Krallen in die Augen fährt; aber ein großer Hund wird sich meist sehr schnell mit einem kleinen Kätzchen abfinden, vorausgesetzt, der Besitzer hat viel Geduld und läßt sie nicht allein zusammen, bis er sicher ist, daß sie sich angefreundet haben.

Für viele Katzen ist der Kontakt zu Menschen notwendig; für blauäugige weiße Katzen, die, wie wir gesehen haben, manchmal an Taubheit leiden, ist er sogar entscheidend. Die meisten Katzen lieben die menschliche Stimme und antworten ihr entsprechend, führen geradezu eine Unterhaltung, soweit ihnen das möglich ist. Mit einer tauben Katze ist das unmöglich, daher ist für sie die Berührung von höchster Wichtigkeit.

Man kann durchaus eine taube Katze als Haustier haben; wenn sie entsprechend erzogen ist, kann sie sogar ein sehr reizvolles und liebevolles Familienmitglied werden. Einer tauben Katze sollte man nie völlige Freiheit lassen, wenn man an einer Straße mit lebhaftem Verkehr wohnt, da sie den Verkehr nicht hören und daher einem Unfall zum Opfer fallen kann. Eine Lösung dieses Problems wäre, den ganzen Garten einzuzäunen und damit der Katze die Möglichkeit zu geben, ein- und auszugehen, wie sie mag. Die Verständigung mit ihr kann durch Klopfen auf den Boden erreicht werden: Die Katze lernt die Bedeutung der Schwingungen, die sie ja spürt, sehr schnell, wenn man sie ruft, und sie reagiert auch darauf. Mit der Zeit lernt sie außerdem Handzeichen unterscheiden und begreifen; ein heranwinkender Finger heißt »Essenszeit«, und ein gestreckter Zeigefinger bedeutet ein gestrenges »Nein«. Gerade eine taube Katze schätzt es, wenn man sich mit ihr beschäftigt, sie liebkost und streichelt, und sie spielt gern mit kleinen Spielsachen. Sie scheint über eine besondere Einfühlungsgabe zu verfügen und entwickelt sehr rasch ein völliges Einverständnis mit ihrem Besitzer.

Ähnlich den Menschen sind auch Katzen in ihrem Wesen sehr verschieden; eine jede ist ein ausgeprägter Charakter: Es gibt den aggressiven Typ, der in verquerer Stimmung auf jede andere Katze losgeht, weil er in der Jugend nicht auf seine Kosten gekommen ist. Dann gibt es den liebenswürdigen, freundlichen Typ, der glücklich und zufrieden und durch nichts aus der Ruhe zu bringen ist. Sodann den Typ der geschäftigen Hausfrau, die selten stillsitzt, alles überstürzt tut, sich nur hastig putzt, gleich wieder fortstürzt, um nachzusehen, ob mit ihren Jungen alles in Ordnung ist, sie aus tiefem Schlaf aufweckt, ein paar Minuten säugt und von oben bis unten wäscht, und dann kommt sie die Treppen herunter mit dem vielsagenden Blick: »Keine ruhige Minute in diesem Haus.« Die »Garbo«-Katze hingegen, völlig zufrieden, wenn sie in Ruhe gelassen wird, sitzt dekorativ herum und schnurrt. Wehe aber, wenn sich eine andere Katze in ihre Nähe wagt! Dann wird sie in ein gänzlich undamenhaftes Vokabular verfallen und sich eiligst in eine ferne Ecke zurückziehen. Jedoch gibt es auch viele Katzen, die es einfach nicht ertragen können, allein zu sein. Und es gibt den entschieden kraftvollen, schweigsamen, männlichen Typ, der hochmütig zwischen den Kätzinnen herumstolziert und sich gelegentlich dazu herabläßt, mit seinen Kindern zu spielen. Und immer wieder

Kätzchen, die genauso unartig sind wie kleine Kinder, alles herunterwerfen, Papier zerfetzen, die Strickwolle in ein fürchterliches Gewirr bringen, die Vorhänge hinaufklettern und auf die Tische springen. Aber wenn sie einem auch viel Zeit stehlen, sind sie doch immer eine Freude.

Die alte Katze

Eine gesunde Katze wird fast unmerklich älter, und nachdem die Jahre dahingegangen sind, wird es einem manchmal mit Erschrecken bewußt, daß ein Haustier und geliebtes Familienmitglied schon dreizehn, vierzehn Jahre oder gar noch älter geworden ist. Nur wenige Äußerlichkeiten zeigen das Alter einer Katze an, und auch diese variieren von Fall zu Fall. Eine Langhaarkatze mag im hohen Alter noch immer die schönsten tieforangenfarbenen Augen haben, während die Augen einer anderen bereits im Alter von zehn Jahren zu Gelb verblaßt sind. Wenige Katzen werden im Alter grau, den meisten bleibt ihr dickes, glänzendes Fell das ganze Leben lang erhalten.
Wie die Menschen – und vielleicht aufgrund der Ernährung – verlieren Katzen ihre Zähne unterschiedlich im Alter. Den einen sind vielleicht mit sieben oder acht Jahren schon sämtliche Vorderzähne ausgefallen, während eine andere, die fünf-

zehn Jahre alt ist, noch über ein strahlend weißes Gebiß verfügt, in dem kein Zahn fehlt. Wenn der Tierarzt im Laufe der Zeit wenig zu Rate gezogen wurde, kann die Menge des Zahnsteins einen Hinweis auf das Alter geben, aber auch das trifft nicht immer zu.

Heutzutage ist es schwer zu sagen, wann eine Katze wirklich alt ist. Noch vor wenigen Jahren galten zwölf Jahre als sehr respektabel, heute jedoch, vermutlich aufgrund der besseren Pflege und Ernährung, scheinen vor allem Hauskatzen sechzehn Jahre und älter zu werden; aber auch Fälle von Zwanzig-, Fünfundzwanzig- und sogar über Dreißigjährigen sind bekannt geworden. Ein weiterer Hinweis auf ein hohes Alter ist häufig, daß eine Katze dünner wird, die Flanken einfallen und daß man ihr Rückgrat, wenn man sie im Arm hat, fühlt. Das Fell mag bei einer Langhaarkatze nicht mehr ganz so dicht und bei einer Kurzhaarart vielleicht etwas klebrig sein.

Wärme ist sehr wesentlich für die alte Katze, vor allem wenn es draußen kalt ist. Im Sommer verbringen viele alte Katzen (und auch die jungen) mit Vorliebe soviele Stunden schlafend in der Sonne, daß manche Besitzer fürchten, ihr Tier könnte austrocknen, aber das scheint nicht zu geschehen.

Nässe und Feuchtigkeit sollten vermieden und die Katze bei wirklich regnerischem Wetter im Hause gehalten werden. Sie sollte auch gründlich abgetrocknet werden, falls sie in den Regen gekommen ist, denn eine Erkältung muß um jeden Preis vermieden werden. Einige wenige Katzen leiden an Rheumatismus und sollten nie draußen im Feuchten sitzen dürfen. Ideal zum Schlafen ist ein Karton oder ein Korb, der mit Zeitungen und einer alten Decke ausgelegt und abseits von jedem Zug, jedoch in erreichbarer Nähe aufgestellt ist.

Die Nahrung muß mit Bedacht gewählt werden. Mehrere kleine Mahlzeiten täglich sind besser als eine oder zwei größere. Ein Mangel an Zähnen oder schlechte Zähne machen womöglich das Fressen mühsam, deshalb sollte das Futter grundsätzlich leicht, in kleine Stücke geschnitten oder durch den Wolf gedreht werden. Vor allem aber soll es leicht verdaulich sein. Es kann sich auch als notwendig erweisen, der alten Katze nur sehr wenig Milch zu geben, wenn sie an erhöhter Darmtätigkeit leidet, aber wenn sie Milch nun ganz besonders liebt, dann immer nur ein ganz klein wenig auf einmal. Bei Appetitmangel kann man das Tier manchmal mit gekochtem, gehacktem Kaninchenfleisch oder anderem Lieblingsfutter locken. Sardinen aus der Dose sind ebenfalls sehr beliebt, weil sie leicht zu fressen sind. Leidet die Katze an Verstopfung, gibt man ihr Gemüse oder Paraffinöl. Alte Katzen können sehr wählerisch werden und eine deutliche

Vorliebe für bestimmte Nahrungsmittel zeigen, und in diesem Alter schadet ein bißchen Verwöhnung kaum. Frisches Wasser zum Trinken in ausreichender Menge muß natürlich immer zur Verfügung stehen; bei sehr kaltem Wetter sollte man es etwas erwärmen.

Bewegt sich das Tier nur langsam und geht ungern ins Freie, dann stellt man am besten mehrere Klokisten in Reichweite auf, denn es ist erstaunlich, wie eigen selbst die ältesten Katzen hinsichtlich ihrer Sauberkeit sind. Nachsehen muß man ihnen allerdings das häufigere Urinlassen

Noch immer wichtig bleibt die tägliche Pflege des Fells, sie muß jedoch sehr sanft vor sich gehen, weil vielleicht nur noch wenig Fleisch an den Knochen ist und auch das Fell unter Umständen sehr dünn geworden ist. Tränende Augen, Ausfluß, sollten vorsichtig ausgewischt werden, ebenso wie jede Verschmutzung unter dem Schwanz, denn manche Katzen werden im Alter bequem und putzen sich selbst nicht mehr so gut.

Das Augenlicht ist meist nicht angegriffen, und im Gegensatz zu Hunden leiden nur wenige Katzen unter grauem Star; auch das Gehör bleibt recht gut, es sei denn, es handelt sich um eine jener weißen Katzen mit nur geringer Hörfähigkeit oder Taubheit von Geburt an. Die Ohren sollten regelmäßig untersucht werden, die Katze könnte Milben bekommen, eine Gangrän, die oft als Ohrbrand bezeichnet wird. Riechen die Ohren aus diesem Grunde schlecht, muß man den Tierarzt rufen.

Eine alte Katze kann sehr anspruchsvoll in ihren Wünschen werden. Wenn ihr gerade danach ist, wird sie darauf bestehen, auf dem bequemsten Sessel zu schlafen, der häufig auch von ihrem Besitzer bevorzugt wird, und es sehr übelnehmen, wenn man sie daraus entfernt. Sie kann auch eifersüchtig auf jede Aufmerksamkeit werden, die eine andere Katze im Haus erhält.

In Bewegung und Reaktion kann sie sehr viel langsamer werden und sollte ganz gewiß nicht mehr hinausgelassen werden, wenn man in der Nähe einer betriebsamen Straße wohnt. Gibt es einen Garten, wird sie vermutlich vollauf zufrieden sein, in diesem zu bleiben, aber manche Katzen scheinen auch zu wissen, wann ihre Todesstunde naht, und gehen dann von zu Hause fort, als suchten sie sich einen Ort zum Sterben. Wenn das geschieht, sucht der Besitzer sicher viele Stunden nach seinem Liebling und erfährt vielleicht nie, was wirklich geschehen ist.

Die Schlafperioden werden länger und länger. Viele alte Katzen scheinen ab und zu einen ganzen Tag lang oder länger in einen regelrechten Winterschlaf zu fallen, so daß der Besitzer glauben könnte, sie sei im Begriff zu sterben, und dann ist sie am nächsten

Tag wieder ganz munter und wartet ungeduldig auf ihr Frühstück.

Liebevolle Zuneigung ist für die alte Katze noch wichtiger als je zuvor, und vor allem sollte man ständig darüber wachen, daß sie nicht leidet. Wenn Darm- und Blasentätigkeiten anfangen nachzulassen und das Futter verweigert wird, sollte man, so traurig das ist, einen Tierarzt um seine Ansicht fragen und dieser Folge leisten. Meint er, die Katze nähere sich dem Ende ihrer Tage, sollte man ihm gestatten, sie schmerzlos einzuschläfern, anstatt das noch eine Woche oder mehr hinauszuschieben, so groß der Kummer um den Verlust für den Besitzer auch sein mag.